BAND 01

Happy Huhn

Das Hühnerrassen-Buch

für Hühnerhalter und Rassezüchter

Dieses Buch wendet sich an Hobbyhalter*innen, die Hühnerhaltung in kleinem Stil betreiben wollen, sowie an Züchter*innen, die sich für die Erhaltungszucht seltener Hühnerrassen, sowie die Rassezucht und das Schauwesen interessieren. Für Hühnerhalter aus der landwirtschaftlich-kommerziellen Tierzucht und Lebensmittelproduktion ist es aus verschiedensten Gründen (z.B. Hygienevorschriften, Lebensmittelproduktionsgesetze) in der Praxis weniger geeignet.

Haftungsausschluss

Autor und Verlag haben den Inhalt dieses Buches mit großer Sorgfalt und nach bestem Wissen und Gewissen zusammengestellt. Für eventuelle Schäden an Mensch und Tier, die als Folge von Handlungen und/oder gefassten Beschlüssen aufgrund der gegebenen Informationen entstehen, kann dennoch keine Haftung übernommen werden.

Gender-Erklärung

Aus Gründen der besseren Lesbarkeit verzichten wir im Cadmos-Verlag auf die gleichzeitige Verwendung der Sprachformen männlich, weiblich und divers (m/w/d) und wählen jeweils die männliche oder weibliche Form von personenbezogenen Hauptwörtern. Dies soll jedoch keinesfalls eine Geschlechterdiskriminierung oder eine Verletzung des Gleichheitsgrundsatzes zum Ausdruck bringen. Frauen, Männer und Diverse mögen sich von den Inhalten unserer Publikationen gleichermaßen angesprochen fühlen.

IMPRESSUM

LANDLEBEN im CADMOS Verlag

2. geringfügig überarbeitete Ausgabe 2022

Covergestaltung, grafisches Konzept und Satz: Gerlinde Gröll, www.cadmos.de
Coverfotos: Robert Höck, Magnus Erdtmann, Karin Reiter
Fotos im Innenteil: Alle Bilder, die nicht mit einem Fotocredit versehen sind, stammen von Robert Höck
Illustrationen: Shutterstock/Svetsol, luma_art, Hein Nouwens

Lektorat: Christine Weidenweber

Druck: www.graspo.com

Deutsche Nationalbibliothek – CIP-Einheitsaufnahme

Die Deutsche Nationalbibliothek verzeichnet diese Publikation in der Deutschen Nationalbibliografie; detaillierte bibliografische Daten sind über http://dnb.ddb.de abrufbar.

Printed in EU

ISBN: 978-3-8404-3066-4

SPIEGEL Bestseller-Autor

Armin Six + Robert Höck

Happy Huhn

Das Hühnerrassen-Buch

für Hühnerhalter und Rassezüchter

Foto © Reto Giacometti

LANDLEBEN

Warum Hühner geniale Heimtiere sind

Was ist eigentlich Erhaltungszucht?

Die Geschichte des Haushuhns

Inhalt.

Hühner können auch als Heimtiere punkten, denn viele Rassen, wie diese Antwerpener Bartzwerge, werden erstaunlich zahm.

Zwerg-Cochin gehören mit ihrem zutraulichen Charakter zu den familienfreundlichsten Hühnerrassen überhaupt.

Warum Hühner geniale Heimtiere sind

EIN STATEMENT VON ROBERT HÖCK

Dass das Huhn mal als „Haustier der Stunde" bezeichnet werden könnte, war vor einigen Jahren noch nicht absehbar. Wir erleben aber tatsächlich gerade einen starken Trend hin zur Hühnerhaltung, der dafür sorgt, dass sich neben den beiden klassischen Haltungsformen, nämlich der Rassegeflügelzucht samt Schauwesen sowie der landwirtschaftlichen Hühnerhaltung zwecks Lebensmittelproduktion noch eine dritte etabliert hat.

Die Happy Hühnerhalter

Reine Tierliebhaber, die weder ambitioniert sind, sich in der Ausstellungszucht zu betätigen, noch Interesse daran haben, Hühner zwecks Lebensmittelproduktion auszubeuten, halten sich die Tiere einfach um ihrer selbst willen. Das heißt natürlich nicht, dass ihnen die Eier aus eigener Produktion nicht willkommen wären.

Ich bezeichne die Hühnerfans aus dieser Gruppe gern liebevoll als meine „Happy Hühnerhalter". Sie lassen ihre „Happy Hühner" in schön bepflanzten „Happy Hühnergärten" mit aufwendig eingerichteten „Happy Hühner-Homes" ein Luxusleben genießen. Manche dieser Glückshühner werden sogar derart verhätschelt, dass selbst Katze und Hund neidisch werden könnten. Man kann sich leicht in den sozialen Medien davon ein Bild machen. Hühner-Accounts von Federvieh-Influencern haben auf TikTok und Instagram häufig Zigtausende Follower und ständig finden sich neue Nachahmer, die es noch besser machen möchten.

Wenn die Begeisterung nicht abklingt, werden aus manchen „Happy Hühnerhaltern" dann irgendwann auch ernsthafte Züchter. Sie treten einem Verein in ihrer Nähe bei und beteiligen sich an der Erhaltungszucht ihrer Lieblingsrassen. Manchmal gehen sie dabei aber auch einen

Hühnerrassen können regelrechte Trends auslösen, wie die beiden schwarzhäutigen Rassen Ga H'Mong und Cemani, die anfangs für stolze Summen gehandelt wurden.

Sandschak-Kräher wurden nie züchterisch vereinheitlicht, haben aber dennoch rassetypische Merkmale, wie aufstrebende Federhauben und verlängerte Krährufe.

Das Schwedische Blumenhuhn und das Vorwerkhuhn schafften es bei einer Umfrage in die Top 3 der beliebtesten Hühnerrassen.

Mehr dazu im Video „Die beliebtesten Hühnerrassen der Happy Huhn Zuschauer" unter https://bit.ly/3qFnM7u

anderen Weg und organisieren sich im Web gemeinsam mit Gleichgesinnten unabhängig vom Vereins- und Schauwesen. Zweifelsfrei konnten gerade Hühnerrassen, die nicht einer eng gefassten Selektion nach Merkmalen unterliegen, durch diese privat organisierte, lockere Erhaltungszucht einen extremen Aufschwung erfahren.

Eine Befragung meiner Zuschauer auf YouTube, für die ich mehr als 1.200 Votes bekam, zeigte eindeutig, dass in der Hobbyhaltung aktuell das Schwedische Blumenhuhn die mit Abstand beliebteste Rasse ist.

Anerkannt oder nicht – wir stellen alle vor

Das Blumenhuhn ist aktuell eine nicht für das Schauwesen anerkannte Rasse. Noch vor zwanzig Jahren wäre so ein Erfolg wie bei meiner Umfrage auf Youtube für ein buntes Landhuhn undenkbar gewesen. Auf Platz 2 und Platz 3 landeten mit dem Vorwerkhuhn und dem französischen Marans-Huhn aber zwei anerkannte Rassen, wobei erstere von der Popularität des 1999 gegründeten Erhaltungszuchtprojekts profitiert, während letztere ganz klar durch den Trend zu außergewöhnlichen Eischalenfarben inzwischen so hochgeschätzt ist. Ob anerkannt oder nicht, im vorliegenden Buch werden erstmals auch nicht im Schauwesen anerkannte Hühnerrassen in gleicher Weise vorgestellt wie anerkannte Rassen.

Dabei dürften insbesondere die wissenschaftlichen Aspekte, die durch meinen Mitautor Armin Six eingebracht werden, für die nötige Sachlichkeit sorgen und das ganze Projekt zum Novum machen. Der Zeitgeist erfordert es, dass Hühner ohne Schauanerkennung nicht mehr länger als minderwertig abgestempelt werden, denn alles, was die Geschichte zustande gebracht hat, hat

Hühner und Ohrfasane sind zwei Hühnervögel, die sich durch ihre opportunistische Lebensweise von Natur aus gut für die Domestikation eignen. Blaue Ohrfasane und Weiße Ohrfasane leben halbwild in tibetischen Bergdörfern. Sie werden dort traditionell von Mönchen gefüttert.

ein Recht darauf, wahrgenommen zu werden. Wie Sie beim Lesen dieses Buches noch feststellen werden, sind übrigens auch bunte Landrassen per definitionem „echte Rassen".

Das Huhn – ein geniales Haustier

Hühner werden aus vielen verschiedenen Gründen gehalten, aber was genau macht sie eigentlich auch als Heimtiere so genial? Für viele Menschen ist es wohl die einzigartige Chance, ein Nutztier im eigenen Garten halten und dabei selbst ein tierisches Lebensmittel „ernten" zu können, ohne das Tier dafür töten zu müssen. Freilich könnte man das auch, wenn man eine Kuh oder eine Ziege hält und melkt, aber wer hat schon die Möglichkeit, einen Paarhufer im eigenen Gartenreich artgerecht unterzubringen? Das Huhn erlaubt ein Stückchen heile Welt und Selbstversorgung trotz beengter Platzverhältnisse und ist dabei wie ein echtes Heimtier dazu in der Lage, mit dem Menschen Freundschaft zu schließen. Hühner merken sich Gesichter und erkennen ihre Besitzer. Sie freuen sich, wenn ein vertrauter „Futterspender" die Szenerie betritt, und manche Exemplare werden derart zahm, dass sie sogar Kunststücke erlernen, als Therapietiere zum Einsatz kommen oder mit ihrem aufdringlichen und neugierigen Charakter alle zum Lachen bringen.

Hühner machen glücklich und sind dabei sowohl nützlich als auch liebenswürdig. Was möchte Mensch also mehr? Tatsächlich gibt es berechtigte Vermutungen, die nahelegen, dass sich die ersten Haushühner einst freiwillig uns Menschen anschlossen, freilich nicht ahnend, welche Knechtschaft sie hier langfristig eingehen würden. Wildhühner ließen sich in Südostasien einst gern in der Nähe menschlicher Siedlungen nieder, wenn sie regelmäßig angefüttert wurden. Auf diese Weise entwickelten sie sich von Wildtieren allmählich zu halbwilden Haustieren.

Von Hühnern und Menschen

Eine ähnliche Entwicklung wie bei den Wildhühnern lässt sich aktuell in Tibet bei den ebenfalls zu den Hühnervögeln zählenden Ohrfasanen beobachten. Sie werden von Mönchen in den Bergklöstern traditionell gefüttert und haben so ihre Scheu fast gänzlich verloren. Wie gutmütige Dodos fressen sie aus der Hand und machen dabei ihre ulkigen Seehundgeräusche, wenn sie nicht gerade gemeinsam mit den Haushühnern durch die Straßen der Bergdörfer laufen.

Es ist kein Zufall, dass ausgerechnet die Vogelklasse der Hühnervögel so viele potenzielle Hausgeflügelarten hervorgebracht hat. Von Natur aus eignen sich mehr Arten, als man denkt, für das positive Zusammenleben mit dem Menschen. Während andere Tiergruppen durch die Zivilisation aussterben, sind viele Hühnervögel noch immer dabei, ihren Siegeszug an der Seite des Menschen auszuweiten.

Robert Höck im Dezember 2021

Was ist eigentlich Erhaltungszucht?

EINE DEFINITION VON ARMIN SIX

Besonders die Zeit nach dem Zweiten Weltkrieg markiert für die europäische Haus- und Nutztierzucht einen massiven und nachhaltigen Einschnitt. Nachdem sich über Jahrhunderte, teilweise sogar Jahrtausende, überall lokale, an die jeweiligen Umweltbedingungen angepasste Landschläge herausgebildet hatten, begann man im 18. Jahrhundert mithilfe gezielter Zuchtprogramme, deren Leistungsfähigkeit zu optimieren und den Bedürfnissen einer wachsenden Bevölkerung und Wirtschaft anzupassen. Im Zuge dieser Entwicklung wurden auf Basis alter Landschläge Wirtschaftsrassen etabliert, die vielfach andere, weniger leistungsfähige Lokalvarianten verdrängten. Beispiele dafür aus der Haushuhnzucht sind die Italiener, Rheinländer oder Minorka, aus der Rinderzucht das Schwarzbunte und Rotbunte Niederungsrind, das Fleckvieh oder das Angler Rind. Viele dieser Rassen hatten lokale Schwerpunkte und konnten in stark ländlich geprägten Gebieten erstaunlich lange, teilweise bis in die 1970er-Jahre, bestehen bleiben. Deshalb blieb eine vergleichsweise große Diversität erhalten.

Das änderte sich, als seit den 1950er-Jahren zunächst neue Wirtschaftsrassen und dann zunehmend hoch spezialisierte Leistungslinien flächendeckend die landwirtschaftlichen Betriebe dominierten und auch in der privaten Haltung immer mehr zur Normalität wurden. In der Milchrinderzucht fand seit den späten 1960er-Jahren eine massive Verdrängungskreuzung zugunsten der nordameri-

Das Italiener-Huhn ist aus heutiger Sicht eine alte seltene Rasse, hat aber zu seiner Blütezeit im 19. und 20. Jahrhundert selbst vielerorts lokale Schläge verdrängt.

Wandel in der Landwirtschaft: In Bayern hat das Schweizer Fleckvieh (2) im 19. und 20. Jahrhundert bodenständige Gelb- Rot- und Braunviehschläge vollständig verdrängt. Das Murnau Werdenfelser-Rind (1) zählt zu den wenigen überlebenden urbayerischen Rindern. Inzwischen wurden viele Fleckviehzuchten wiederum auf Friesian Holstein Rinder (3) umgestellt.

Es ist das Verdienst der organisierten Rassegeflügelzucht und des Schauwesens, dass eine große Vielfalt an Hühnerrassen bis heute bewahrt werden konnte.

kanischen Holstein-Friesian-Rinder statt, sodass die letzten Reste der alten Zuchtlinien später mühsam zusammengesucht werden mussten; beim Haushuhn prägen bis heute zum großen Teil die braunen und weißen Legehybriden das Bild.

Diese Entwicklung hat bei den meisten Nutztierarten zu einem massiven Verlust an alten, lokalen Rassen und damit einhergehend an phäno- und genotypischer Variation geführt.

Vielfalt erhalten

Davon vergleichsweise wenig betroffen war der Geflügelbereich, da hier mit dem Schauwesen eine Nische entstand, in der, wenngleich mit anderer Zielsetzung, ein ungeahntes Repertoire an Rassen und Farbvarianten nicht nur erhalten, sondern durch die fortwährenden Kreationen neuer Züchtungen sogar erheblich erweitert werden konnte.

Überhaupt notwendig?

„Braucht man dann überhaupt noch Erhaltungszuchten?", könnte durchaus eine berechtigte Frage lauten. Die Antwort ist: „Eindeutig ja", denn obwohl es zweifellos zahlreiche Gemeinsamkeiten und vielfältige, in konstruktiver Weise nutzbare Überschneidungen gibt, Ausstellungs- und Erhaltungszucht sind nicht automatisch das Gleiche. Dabei geht es konkret um die Fragen, was genau erhalten werden soll und wie dabei mit phänotypischer Variation umzugehen ist. Erhaltung kann je nach Standpunkt und Zielsetzung verschiedene Bedeutungen haben.

Moderne Englische Zwergkämpfer auf einer Geflügelschau in den beiden Farbschlägen Kennfarbig und Gesperbert.

- Sie kann bedeuten, einen ganz bestimmten Phänotyp, also eine spezifische Merkmalskombination zu bewahren, wobei eine gemeinsame Herkunft der Merkmalsträger unter Umständen sekundär ist.
- Sie kann aber auch bedeuten, einen ganz bestimmten Genpool in seiner aktuellen Zusammensetzung zu konservieren, unabhängig vom Grad der äußeren Einheitlichkeit.
- Ebenso kann man auch die Sicherung und züchterische Festigung ganz charakteristischer Merkmale und Eigenschaften, wie Leistungs- und Wesensmerkmale oder besondere Kräh- und Verhaltensweisen (sog. „essenzielle Merkmale"), als Erhaltung bezeichnen.

Die genetische und phänotypische Variabilität

Zentraler Aspekt der Ausstellungszucht ist die Festigung und Vereinheitlichung des Phänotyps*. Ein Ziel, das ohne ein gewisses Maß an Inzucht kaum erreicht werden kann. Hinzu kommt, dass selbst häufige Schaurassen oft nur auf wenige Ausgangsbestände zurückgehen.

Im Gegenzug konnte in einer ganzen Reihe von Studien gezeigt werden, dass weitgehend unselektierte Landschläge, wie sie in zahlreichen Ländern auch heute noch vorkommen, deutlich höhere Diversitätswerte zeigen als reine Schaurassen. Eine Zucht auf Einheitlichkeit geht zulasten der genetischen Diversität und das heißt im Umkehrschluss: Will man genetische Diversität erhalten, wird man nicht umhinkommen, eine gewisse phänotypische Variation zuzulassen. Weiterhin steht bei der Initiierung von Erhaltungszuchten stets die Frage im Raum: Was ist zu tun, wenn die Frequenz unerwünschter Merkmale durch Inzucht, Überoptimierung oder eine einseitige Zuchtausrichtung so hoch ist, dass sie allein durch transformierende Selektion** innerhalb der Population nicht signifikant gesenkt werden kann? Sollten verwandte Rassen eingekreuzt werden oder nicht?

Bedeutung für die Praxis

Doch was heißt das alles für die Praxis? Zum einen, dass Erhaltungszucht mehr ist als die reine Konservierung eines vorhandenen Genpools. Zum anderen, dass es pauschale Erhaltungszuchtkonzepte nicht gibt. Bei einer Langkräherrasse sind andere Schwerpunkte zu setzen als bei einer traditionellen Legerasse oder einem klassischen Zierhuhn. Bei einer stark durch Inzucht geschwächten Rasse muss die Einkreuzung verwandter Züchtungen anders bewertet werden als bei in dieser Hinsicht gefestigten Populationen. Letztlich ist es erforderlich, für jedes Erhaltungszuchtprojekt ein individuelles Konzept zu erstellen, das den Besonderheiten der Rasse und ihrer aktuellen züchterischen Situation gerecht wird.

Armin Six im Dezember 2021

* **Phänotyp:** Die physische Ausprägung der Erbanlagen (Genotyp) eines Individuums unter der Einwirkung die Entwicklung beeinflussender Umweltfaktoren

** **Transformierende Selektion:** Es kommen unter natürlichen Bedingungen oder gezielter Zucht primär jene Tiere zur Fortpflanzung, die vom Mittel der Population abweichen. Dadurch verändern sich sukzessive Erscheinungsbild und Eigenschaften der Individuen

Die Geschichte des Haushuhns

Alle Haushühner sind die Nachfahren von einst in Süd- und Südostasien domestizierten und nah verwandten Wildhühnern, die in der Gattung der Kammhühner (*Gallus*) zusammengefasst werden.

Das Bankivahuhn

Der maßgebliche Vorfahr unserer Haushühner ist das von Kaschmir bis nach Sumatra und Java verbreitete Bankivahuhn (*Gallus gallus*), auch bekannt als Rotes Kammhuhn. In seiner Heimatregion besiedelt es trockene bis feuchte Wälder mit dichter Bodenvegetation. Das Bankivahuhn ähnelt im Erscheinungsbild den basal rebhuhnhalsigen mittel- und westeuropäischen Urzwergen, z. B. den Deutschen, Belgischen und Schwedischen Zwerghühnern oder den französischen Pictave.

Merkmale der Bankivahühner:
- einfachkämmig
- blaugraue bis bleibraune Läufe
- je nach Unterart weiße bis rote Ohrscheiben bzw. -lappen
- weiße, isabellfarbige, cremefarbige oder hellrötlich braune Eier

Die Unterarten

Es kommen fünf Unterarten des Bankivahuhns vor, deren Areale sich teilweise überschneiden.
- Die Unterart *Gallus gallus gallus* (Cochinchina Bankivahuhn) ist in Thailand, Kambodscha, Laos und Vietnam verbreitet und hat große weiße Ohrscheiben.
- Das Areal des Indischen Bankivahuhns (*Gallus gallus murghi*) erstreckt sich in einem Streifen von Kaschmir über das nördliche und nordöstliche Indien bis nach Nepal, Bhutan und Bangladesch. Es ist gekennzeichnet durch kleine Ohrscheiben mit rotem Rand und weißen Innenflächen.
- Das Burma-Bankivahuhn (*Gallus gallus spadiceus*) ist von Nordostindien über Yunnan und Thailand bis nach Malaysia und den Norden Sumatras verbreitet. Es hat kleine rote Ohrlappen und einen kürzeren Halsbehang als *G. g. gallus*.

1a

1b

Die bunte Farbgebung des Bankivahahns (Hier die Unterart *Gallus gallus gallus*) findet sich noch heute bei vielen Haushuhnrassen. Die Hennen des wilden Bankiva-Huhns sind überwiegend in verschiedenen Brauntönen gehalten und somit tarnfärbig.

Links: Beim Sonnerathuhn zeigt der Hahn speatukläre Farben, die auch metallische Gold- Silber- und Kupfertöne umfassen.

Unten: Lafayettehahn
Foto © Shutterstock/ Nipun Perera

- *Gallus gallus jabouillei* besiedelt den Südosten Yunnans, das nördliche Laos und den Norden Vietnams. Es repräsentiert die dunkelste Variante mit deutlich kleinerem Kamm und kürzeren, weniger spitz zulaufenden Halsfedern. Die Ohrlappen sind wie bei *G. g. spadiceaus* klein und rot. Die auch als Tonkin-Bankivahuhn bezeichnete Subspezies lebt in kälteren und feuchteren Habitaten als die übrigen Unterarten.
- Das Java-Bankivahuhn (*Gallus gallus bankiva*) bewohnt das südliche Sumatra, Java und Bali. Es weist noch kürzere und stärker abgerundete Nackenfedern als *G. g. jaboullei* auf und gilt als die kleinste Unterart. Es wurden sowohl weiße (RAETHEL 1991) als auch rote Ohrscheiben (KAISER 2018) beschrieben.

Andere Kammhuhnarten

Es gibt noch drei weitere Kammhuhnarten, die ebenfalls in Süd- und Südostasien beheimatet sind und dort teils gemeinsam mit dem Bankivahuhn vorkommen. Siehe Bilder 2a bis 4

- Das Sonnerathuhn oder Graue Kammhuhn (*Gallus sonneratii*) bewohnt den südwestlichen Teil Indiens und grenzt damit westlich an das Verbreitungsgebiet des Bankivahuhns an, wobei es in einigen Bereichen zu Überschneidungszonen kommt. Es zeigt bei beiden Geschlechtern speziell im Brustbereich eine silbergraue Zeichnung und hat gelbe Läufe. Siehe Bilder 2a und 2b
- Nah verwandt mit dem Sonnerathuhn ist das Lafayettehuhn (*Gallus lafayettii*), das auch als

4

Ein Hahn des Gabelschwanzhuhns, mit einem einzelnen und übergroßen Kehllappen wie er für diese Art typisch ist, sowie einem zackenlosen Kamm als Kopfschmuck. Foto © Shutterstock/ tovector

Gelbes Kammhuhn oder Ceylonhuhn bezeichnet wird. Es lebt ausschließlich auf Sri Lanka und ist durch den hellgelben Mittelfleck im Kamm des Hahns gekennzeichnet. Die Hennen ähneln denen des Sonnerathuhns und zeigen wie diese eine silbergraue Zeichnung. Die Lauffarbe variiert von Pink über Fleischfarbig bis Gelb. Siehe Bild 3

- Das Gabelschwanzhuhn oder Grüne Kammhuhn (*Gallus varius*) ist von Java und Bali ostwärts über die Kleinen Sundainseln bis nach Flores verbreitet. Der Kamm des Hahns ist nicht gezackt, sondern glatt und geht von einem hellblaugrünen Zentrum über Blau und Violett schließlich zum Rand hin in Rot über. Es ist nur ein Kehllappen vorhanden, der überwiegend rot gefärbt ist, angrenzend zum Hals jedoch eine streifenförmige gelbe Fläche zeigt und am unteren Rand in Violett und Blau übergeht. Die Hennen sind überwiegend braun, die Läufe blaugrau bis rötlich gelb. Siehe Bild 4

Von Forschungen und Vermutungen

Schon Charles Darwin betrachtete das Bankivahuhn als Vorfahr des Haushuhns und begründete dies mit der uneingeschränkten Kreuzbarkeit beider Formen und der Ähnlichkeit dieser Wildhuhnart mit vielen ursprünglichen Haushuhnrassen. Weiterführende molekulargenetische und verhaltensbiologische Untersuchungen bestätigten mittlerweile diese Annahme.

- Unabhängig davon gab es immer wieder Vermutungen, dass auch andere Kammhuhnarten an der Domestikation beteiligt waren. Als Kandidaten hierfür wurden vor allem das Sonnerathuhn und ein imaginäres, als ausgestorben geltendes „Riesenwildhuhn" (*Gallus giganteus*) genannt, von dem die Kampfhühner des Malaientyps abstammen sollen.

Das Sonnerathuhn und die gelben Beine

Während die Existenz des Riesenwildhuhns bisher nicht belegt werden konnte und auch genetische Studien keinen Hinweis auf eine andere Abstammung der malaienartigen Kampfhühner lieferten, liegt der Fall beim Sonnerathuhn anders. Es hat, wie zahlreiche Hühnerrassen, gelbe Läufe, ein Merkmal, das beim Bankivahuhn nicht vorkommt. Wie eine schwedische Studie (ERIKSON et al. 2008) zeigen konnte, beruhen diese gelben Läufe tatsächlich auf demselben Allel, was zu dem Schluss führte, dass Sonnerathühner mit frühen Formen des Haushuhns gekreuzt wurden. Siehe Bild 5

Gegen diese an sich plausible These sprachen jedoch Untersuchungen, die dem Haushuhn eine größere genetische Distanz gegenüber dem Sonnerathuhn bescheinigten als dem Bankivahuhn (KANGINAKU-

Sonnerathahn mit arttypischen, gelben Läufen. Foto © Shutterstock/Nimit Virdi

DRU et al. 2008), was im Falle eines Genflusses umgekehrt sein müsste. Im Rahmen derselben Studie wurden außerdem keine Hinweise für einen Beitrag des Sonnerathuhns oder anderer Kammhuhnarten zum mitochondrialen Genpool* – das sind Erbanlagen, die nur mütterlicherseits vererbt werden – des Haushuhns gefunden. Daher kamen auch andere Erklärungsmuster in Betracht und es bestand weiterer Forschungsbedarf.

Eine groß angelegte Studie

Klärung brachte schließlich ganz aktuell eine groß angelegte Untersuchung (LAWAL et al. 2020), in der durch genomweite Analysen gut abgesicherte Ergebnisse auf weitaus breiterer Datengrundlage als bisher generiert werden konnten. Neben allen Kammhuhnarten und sämtlichen Unterarten des Bankivahuhns waren hier Langschan aus China, verschiedene unselektierte Landhühner aus Äthiopien, Saudi-Arabien, Sri Lanka und Indonesien sowie einzelne Tiere der Rassen Mechelner und Bresse involviert.

Die durchweg überraschenden Ergebnisse gingen deutlich über das Erwartete hinaus und zeigten, dass es neben einem extensiven Genfluss des Sonnerathuhns in das Haushuhn auch eine (geringere) Introgression des Lafayettehuhns gab und darüber hinaus sogar eine einmalige Hybridisierung mit dem Gabelschwanzhuhn stattgefunden hat.

- DNA-Abschnitte des Sonnerathuhns konnten vermehrt bei den Hühnern aus Sri Lanka und Saudi-Arabien vorgefunden werden, erreichen in Äthiopien ihre höchste Frequenz, kommen jedoch auch bei indonesischen Rassen und Bankivahühnern vor. Bei den chinesischen Langschan fehlen sie komplett. Sie sind also bei Rassen des westlichen Zweigs stärker vertreten, was vor dem Hintergrund des südwestindischen Verbreitungsgebiets von *G. sonneratii* auch plausibel erscheint. Für die Rassen europäischen Ursprungs, die hier nicht systematisch untersucht wurden, kann ein ähnlicher Anteil wie für die nahöstlichen Populationen angenommen werden.
- Die DNA-Abschnitte des Lafayettehuhns fanden sich ausschließlich bei Landhühnern aus Sri Lanka, doch kann angenommen werden, dass sie auch bei (hier nicht untersuchten) Populationen des indischen Festlands und deren Nachfahren vorkommen.
- Die Introgression des Gabelschwanzhuhns konnte nur bei den Langschan als einziger untersuchter chinesischer Rasse nachgewiesen werden. Sie dürfte aber auch bei weiteren chinesischen Rassen und deren Nachfahren vorhanden sein und spricht für eine frühe Einfuhr südostasiatischer Haushühner in den chinesischen Kulturraum.

> Der Anteil der Mischung wurde für das **Sonnerathuhn** auf **12 %,** für das **Lafayettehuhn** auf **14 %** und für das **Gabelschwanzhuhn** auf **9 %** geschätzt, wobei der Anteil des Lafayettehuhns real deutlich niedriger einzustufen ist.
>
> Der hier ermittelte hohe Wert resultiert maßgeblich aus dessen naher Verwandtschaft zum Sonnerathuhn, die eine klare Zuordnung der beigesteuerten DNA-Abschnitte oft nicht möglich macht und sie so für beide Arten anzeigt.
>
> Die Gemeinsamkeiten im Genpool zwischen Haushuhn und Bankivahuhn wurden, je nach angewandtem Analyseverfahren, auf 71 bzw. 79 % geschätzt.

Weiterhin lieferte die Studie modellbasierte Schätzungen zum Zeitpunkt der Trennung zwischen Bankiva- und Haushuhn, also den Zeitpunkt der Domestikation, die danach vor ca. 7.000 bis 8.800 Jahren stattgefunden hat.

* **Mitochondrialer Genpool:** Mitochondrien sind Bestandteile der Körperzellen und für den Stoffwechsel zuständig. Sie haben eine eigene Erbinformation und werden von der Mutter über die Eizelle vererbt. Daher hat jede Population auch einen gesonderten, mitochondrialen Genpool.

Beteiligung an der Domestikation

Lange Zeit war außerdem unklar, welche Unterarten des Bankivahuhns an der Domestikation beteiligt waren und ob diese nur einmal oder mehrfach unabhängig voneinander stattgefunden hat.

Da im Rahmen mehrerer Studien gezeigt werden konnte, dass die heutigen Haushuhnpopulationen DNA-Abschnitte von *G. g. gallus*, *G. g. spadiceus* und *G. g. murghi* aufweisen (KANGINAKUDRU et al. 2008), lag es zunächst nahe, hier von mehreren Domestikationsereignissen auf Basis verschiedener Unterarten auszugehen.

Auch diese Frage konnte durch eine aktuelle Studie (WANG et al. 2020) weitgehend geklärt werden. Danach gab es lediglich ein Domestikationsereignis auf der Grundlage von *G. g. spadiceus*, was das Areal der Haustierwerdung auf den südostasiatischen Raum konzentriert und den Bereich der Industalkultur*, der bisher als gesichertes Domestikationszentrum galt, ebenso wie vermutete Regionen in Zentralchina praktisch ausschließt.

> Ursprünglich domestiziert wurde *Gallus gallus spadiceus*. Der zusätzlich nachgewiesene Genfluss von allen anderen Unterarten ist ein sekundärer Prozess, der während der frühen Ausbreitung des Haushuhns durch Mischung mit verschiedenen Wildpopulationen stattfand.

Besonders stark ist dabei der Input von *G. g. murghi*, das in Bangladesch 22,4 %, in Indien 17,6 % und in Pakistan 8,4 % des Genpools der dortigen Haushühner ausmacht. Den höchsten Wert erreichten die weißen Leghorn als Repräsentanten der europäischen Rassen, deren Genom** zu 25 % auf *G. g. murghi* zurückgeführt werden kann. Dieser starke Input auf dem westlichen Ausbreitungszweig steht in Einklang mit der Verbreitung vom *G. g. murghi* als westlichster Unterart und erklärt zudem die bei ursprünglichen europäischen Landschlägen vorkommenden weißen Ohrscheiben mit rotem Rand.

Die untersuchten chinesische Rassen weisen Anteile von *G. g. jaboullei* in Höhe von 1,3 bis 6,2 % auf, während indonesische Hühner sowohl einen Input von *G. g. gallus* (4,8 bis 10,7 %) als auch von *G. g. bankiva* (1,6 bis 6,5 %) erhielten.

Der Trennung des Haushuhns von *G. g. spadiceus* fand nach dieser Studie vor 9.500 ± 3.500 Jahren statt, was weitgehend mit der Schätzung in der zuvor zitierten Untersuchung (LAWAL et al. 2020) übereinstimmt; für die Trennung des Haushuhns von *G. g. murghi* wurde ein Zeitraum von 54.800 ± 5.100 Jahren ermittelt.

Ursachen für die Domestikation

Über die primären Gründe für die Domestikation herrscht nach wie vor weitgehend Unklarheit. BENECKE (1994) führt als denkbare Motivationen sowohl kultische Beweggründe im Kontext eines Sonnenkults als auch die Haltung zum Zweck des Hahnenkampfs an.

Möglicherweise haben Hühner auch einfach nur das reichhaltige Nahrungsangebot im Umfeld landwirtschaftlicher Siedlungen genutzt, bis sie schließlich in den vor Prädatoren*** geschützten Gebäuden brüteten und so vor allem Eier und Jungtiere für den Menschen greifbar wurden. Bei einer solchen „Selbst-Domestikation" dürfte die Tendenz von Wildhühnern, sich gerne in Siedlungsnähe aufzuhalten, eine entscheidende Rolle gespielt haben. Eine gezielte Zucht zur Eier- und Fleischproduktion erfolgte viel später.

* **Industalkultur:** Eine der frühesten städtischen Hochkulturen, die im heutigen Pakistan vor 4.000–5.000 Jahren etwa zeitgleich mit der ägyptischen und mesopotamischen (sumerischen) Kultur bestand

** **Genom:** Summe aller Erbanlagen, also der gesamten Erbinformation (Erbgut) einer Zelle

*** **Prädatoren:** Beutegreifer, die Individuen anderer Arten als Nahrung nutzen

Grundtypen des Haushuhns

Morphologisch können drei Grundtypen des Haushuhns unterschieden werden, zwischen denen es jedoch alle möglichen Übergangsformen gibt.

1. Als **Bankivatyp** oder **Landhuhntyp** werden Hühner bezeichnet, die in ihren Proportionen der Wildform nahestehen und einen schlanken, walzenförmigen bis rechteckigen Körper, volle, lange Befiederung und eine lange Besichelung der Hähne zeigen. Es können verschiedene Kammformen und Ohrscheibenfarben vorkommen.
   Siehe Bild 6

2. Der **Cochintyp** zeigt einen großen, massigen, mehr oder weniger würfelförmigen Körper, sehr volle, weiche, lose Befiederung und rote Ohrlappen. Siehe Bild 7

3. Der **Malaientyp** kennzeichnet Tiere mit schlankem, muskulösem Körper, aufgerichteter Haltung, kräftigen Läufen, langem, kräftigem Hals, straffer, knapper Befiederung, roten Ohrlappen und Wulst- oder Erbsenkamm. Siehe Bild 8

Bei den **Zwerghühnern** werden Urzwerge und verzwergte Rassen unterschieden.

1. Als **Urzwerge** bezeichnet man Rassen, von denen es keine Großform gibt, die also nur im Zwergformat vorhanden sind. Siehe Bild 9

2. Bei **verzwergten Rassen** wurde das Erscheinungsbild einer Großrasse auf ein kleineres Format übertragen. Als Basis dafür dienten im Allgemeinen die Großform und andere geeignete Zwerghuhnrassen.
   Siehe Bilder 10 und 11

Ein schlanker, langestreckter und reich besichelter Steinpiperl-Hahn als Beispiel für den auch als Landhuhntyp bezeichneten Bankivatyp.

Dieser Zwerg-Cochin-Hahn gehört mit seinem kompakten, dicht befiederten Körper zweifelsfrei dem Cochintyp des Haushuhns an.

Mit Erbenskamm, knapper Befiederung und der aufgerichteten Körperhaltung, gibt sich dieser Tuzohahn klar als Vertreter des Malaientyps zu verstehen.

Dieser Hahn wiegt nur 500 g. Er gehört zur Rasse „Holländisches Zwerghuhn" und ist damit ein waschechter Urzwerg.

Zwerg-Australorp (10) und Zwerg-Welsumer (11) sind keine echten Zwerghühner bzw. Urzwerge, sondern züchterisch verzwergte Abbilder von Großrassen. Sie wiegen etwa 1 kg und entsprechen damit in etwa der Wildform.

Die Ausbreitung des Haushuhns

Die primäre Ausbreitung des Haushuhns nach der Domestikation erfolgte wohl mehr oder weniger zeitgleich in verschiedene Richtungen.

- Ein Zweig führte nach Norden in den Himalaya und nach China, wo es zur Hybridisierung mit *G. g. jaboullei* und, wohl auch durch unterschiedliche Umweltbedingungen, einer starken phänotypischen Diversifizierung* kam. So entstanden auf diesem Zweig die „Riesenhühner" vom Cochintyp, deren Merkmale, wie großes Körpervolumen, dichte Befiederung, die Ausbildung von Unterhautfett, eine starke Daunenentwicklung der Küken und die Legetätigkeit im Winter, als Anpassungen an das Überleben in der kalten Umgebung der Hochtäler des Himalaya gedeutet werden. Die ältesten schriftlichen Hinweise für eine Hühnerhaltung in China sind ca. 3.400 Jahre alt, doch dürfte der Zeitpunkt der Ersteinfuhr deutlich früher anzusetzen sein.

Als das Haushuhn in Asien immer weiter nach Westen verbreitet wurde, kam es nachweislich auch zu Kreuzungen mit dem wilden Sonnerathuhn (*Gallus sonnerathii*).

- Ein weiterer Zweig führte auf den Malaiischen Archipel, wo eine Introgression von *G. g. gallus*, *G. g. bankiva* und *G. varius* (Gabelschwanzhuhn) stattfand. Neben ursprünglichen Landhuhnformen ist diese Gruppe heute besonders durch eine reiche Vielfalt an Kampfhühnern (sowohl des Malaien- als auch des Bankivatyps) gekennzeichnet.
- Der westliche Ausbreitungszweig führte zunächst nach Indien, wo Haushühner auf etwa 4.500 Jahre alten Artefakten der Industalkultur dargestellt werden und es bereits erste Hinweise auf eine Größenzunahme gibt, belegt durch Knochenfunde großer Hühner und eine Tonstatuette, die ein schweres Huhn vor einem Futternapf zeigt. Auch kam es hier zu verschiedenen Hybridisierungen, auf dem Festland mit *G. g. murghi* und *G. sonneratii* (Sonnerathuhn) und auf Sri Lanka mit *G. lafayettii* (Lafayettehuhn). Die indische Haushuhnfauna weist, genau wie jene Südostasiens und des Malaiischen Archipels, eine Vielzahl von Kampfhuhnrassen, speziell des Malaientyps, auf.
- Bereits während der Industalkultur fand die weitere Ausbreitung nach Westen statt, wie persische Keramiken aus dieser Epoche belegen. Kurz darauf, vor etwas mehr als 4.000 Jahren, tritt das Haushuhn auch in Vorderasien (Syrien) auf und wird vor mindestens 3.500 Jahren schließlich in Kleinasien sichtbar, was aus Funden frühhethitischer Zeit hervorgeht.**
- Etwa zur gleichen Zeit fand die Ausbreitung nach Ägypten statt, wo die ersten Darstellungen von Hühnern auf die Zeit vor 3.500 Jahren

datieren. Darunter befindet sich auch die älteste bekannte Abbildung eines Hahns auf einer Vase, die vermutlich minoischen Ursprungs ist und darauf hindeutet, dass Hühner in der Ägäis möglicherweise früher vorhanden waren als auf dem griechischen Festland. Vom Niltal aus schritt die Verbreitung dann sukzessive weiter südlich in den afrikanischen Kontinent fort.

- Aus Kleinasien führte der Weg nach Griechenland, wo Hühner vor spätestens 3.000 Jahren vornehmlich zu Kampfzwecken gehalten wurden, und von dort aus nach Italien. Den ersten dortigen Nachweis repräsentiert das Bucchero-Hähnchen von Viterbo unweit von Rom, eine ca. 2.600 Jahre alte etruskische Keramikfigur, die als Gefäß diente.
- Die ältesten gesicherten Belege aus Osteuropa entstammen skythischen Gräbern aus der Ukraine, die ebenfalls in die Zeit vor etwa 2.600 Jahren zurückreichen (BENNEKE 1994).
- Im selben Zeitraum erscheint das Huhn auch in Mitteleuropa, was durch Funde aus der Heuneburg, einem keltischen Fürstensitz der Hallstattzeit im Kreis Sigmaringen, bestätigt wird. Diese Tiere kamen entweder aus dem Mittelmeerraum, worauf archäologisch belegte Beziehungen zur etruskischen Kultur hinweisen, oder mit den Skythen aus Südrussland, die nachweislich Einfluss auf eisenzeitliche Hallstattkultur nahmen.
- Durch die Ausbreitung des phönizischen Einflussbereichs in den westlichen Mittelmeerraum, beginnend vor ca. 3.000 Jahren, wird das Haushuhn bereits sehr früh auch auf der Iberischen Halbinsel sichtbar.

* **Phänotypische Diversifizierung:** Die Entwicklung von Unterschieden bei der Trennung einer mehr oder weniger einheitlichen Quellpopulation in verschiedene Tochterpopulationen.

** **Hethiter:** Ein historisches Volk in der heutigen Türkei, das vor ca. 3.600 bis 3.200 Jahren ein Großreich errichtete.

Die weitere Entwicklung in Europa

Bei den Hühnern dieses westlichen Ausbreitungszweigs handelte es sich um relativ kleine Formen des ursprünglichen Landhuhntyps, die der Wildform noch sehr ähnelten. Erst in römischer Zeit kam es durch gezielte züchterische Bemühungen zu Formen- und Größenvielfalt und einer Verbreitung dieser Zuchtformen im gesamten Römischen Reich, was die Zusammensetzung der Haushuhnfauna vielerorts nachhaltig beeinflusst hat. Es fehlte jedoch eine stabilisierende Zucht, sodass diese Formenviel-

Lange Zeit dürften in Europa relativ kleine Hühnertypen vorgeherrscht haben, die farblich nicht durch Zuchtwahl vereinheitlicht waren.

Auch heute existieren noch bunte historische Landschläge, wie etwa die österreichischen Steinpiperl.

falt nach dem Ende des Römischen Reiches wieder verloren ging und das Größenniveau der heutigen Landhuhntypen erst im Spätmittelalter wieder erreicht wurde. Daneben bestanden die kleinen Formen jedoch weiter und bildeten die Basis der heutigen europäischen Urzwerge.

Genetik und Ausbreitung

Auf der genetischen Ebene spiegeln sich Ausbreitungsprozesse, wie sie hier für das Haushuhn dargestellt wurden, in einer sukzessiven Veränderung von Allelfrequenzen wider. Das heißt, dass sich die Häufigkeiten der einzelnen Erbanlagen bei jedem Ausbreitungsschritt mehr oder weniger stark verändern. Die Ursachen dafür sind vorwiegend Gendrift, Gründereffekte, genetische Flaschenhälse und lokale Hybridisierungen.

Genetische Drift tritt ein, wenn bestimmte Tiere einen größeren Anteil zum Genpool der nächsten Generation beisteuern als andere. So geht die Nachzucht eines Stammes Haushühner zu 50 % auf die Erbanlagen des Vaters zurück. Trägt dieser nun Allele, die im Rest der Population selten sind, steigt deren Frequenz in der nächsten Generation massiv an und der Bestand verändert sich.

Ein Gründereffekt liegt vor, wenn eine neue Population zufällig von Individuen gebildet wird, deren genetische Zusammensetzung vom Mittel der Quellpopulation abweicht. Diese Abweichung wird nun im Laufe der Generationen weitergetragen und es kommt zur Ausbildung einer messbaren genetischen Distanz.

Genetischer Flaschenhals: Ähnlich wirkt auch der genetische Flaschenhals. Er tritt ein, wenn eine Population durch Ereignisse wie Krankheiten, Lebensraumverlust, Bejagung oder Ähnliches stark vermindert wird und so nur die Allele* der wenigen Überlebenden verbleiben, was neben einer genetischen Verarmung im Normalfall auch eine deutliche Verschiebung der Allelfrequenzen** zur Folge hat.

Durch alle diese Effekte vergrößert sich die genetische Distanz zwischen auseinander hervorgehenden Populationen schrittweise und ihr jeweiliges Maß lässt Aussagen über die Reihenfolge der Aufspaltungen und die Verwandtschaft der betreffenden Gruppen bzw. Rassen zu.

Verwandtschafts- und Herkunftsanalysen

Diese Verwandtschaftsbeziehungen lassen sich in Form eines verästelten Baums (Dendrogramm) darstellen, in dem die Länge der Äste die genetische Distanz widerspiegelt und nah verwandte Rassen abgrenzbare Substrukturen bilden (Neighbor-Joining-Analyse).

Schwierig wird die Interpretation bei Rassen, die aus zwei oder mehr Basispopulationen hervorgegangen sind. Sie werden oft mittig zwischen den Verwandtschaftsgruppen der Ausgangsrassen gruppiert, ohne dass eine genaue Analyse ihrer Herkunft möglich ist.

In solchen Fällen ermöglichen Programme wie Admixture oder Structure tiefer gehende Analysen. Sie suchen nach typischen, immer wieder auftretenden Allelkombinationen und überprüfen, in welchem Umfang sie in einem Individuum bzw. einer Population vorhanden sind. Bei der Analyse werden diese Kombinationen schrittweise in Untergruppen getrennt, wobei im ersten Schritt (k=2) eine Trennung in zunächst zwei Cluster*** vorgenommen wird, die in den folgenden Schritten jeweils weiter differenziert werden. Auf diese Weise werden immer detailliertere Cluster erkennbar, die ganz bestimmte Herkünfte charakterisieren.

* Allele: Erbanlagen wie Gefiederfarbe, Zeichnung oder Kammform können verschiedene Ausprägungen wie schwarz, weiß, gebändert, Rosenkamm u.a. haben. Diese Ausprägungen eines Genortes werden als Allele bezeichnet.

** Allelfrequenz: Bezeichnet den Anteil, den ein Allel an der Gesamtheit der Allele an diesem Genort innerhalb einer Population einnimmt

*** Cluster: Gruppen mit ähnlicher Struktur in umfangreichen Datensätzen, deren Gruppierung als Clusterung bezeichnet wird.

Erste umfassende Untersuchungen auf Basis der Allele von 25 Mikrosatelliten, einer speziellen Form selektionsneutraler Genorte, an 65 Haushuhnpopulationen unterschiedlicher Herkunft (SIX & WEIGEND 2003, GRANEVITZE et al. 2009) zeigten unter Anwendung beider Auswertungsverfahren eine deutliche Zweiteilung in asiatische und europäische Rassen. Die weitere Ausdifferenzierung der asiatischen Gruppe ergab eine Trennung in chinesische Rassen aller drei morphologischer Typen und Rassen im halbasiatischen Typ inklusive ihrer Nachfahren, der kommerziellen Braunleger. Innerhalb der europäischen Gruppe konnte ein aus Haubenhühnern, Sprenkelrassen und Bergischen Krähern bestehendes, ursprünglich auf osteuropäische Einfuhren zurückgehendes Cluster von den Rassen westeuropäischer Herkunft differenziert werden. Überraschend war, dass die in Europa gezüchteten Asil und Malaien sowohl asiatische als auch europäische Anteile zeigten.

SYNBREED

Weitergeführt wurden diese Untersuchungen im SYNBREED chicken diversity panel (MALOMANE et al. 2019), das mit der Analyse von 174 Populationen aller geografischer und morphologischer Gruppen inklusive verschiedener Unterarten des Bankivahuhns auf Basis von 123.273 genetischen Markern (Single Nucleotid Polymorphismen) das bisher umfangreichste und umfassendste Projekt dieser Art darstellt. Es bestätigte prinzipiell die zuvor generierten Ergebnisse und konnte sie an vielen Stellen noch deutlich verfeinern. So wurden die Rassen des Nahen Ostens und Nordostafrikas als Schwestergruppe des europäischen Zweigs identifiziert, und innerhalb der asiatischen Rassen konnte eine basale südostasiatische Gruppe differenziert werden, der auch die Bankivahühner angehören. Die japanischen Rassen, die erstmals in der Analyse vertreten waren, zeigten einen deutlichen Bezug zur chinesischen Gruppe. Weiterhin konnte eindeutig geklärt werden, dass die europäischen Kampfhühner das Ergebnis einer komplett eigenständigen Entwicklung sind und nicht, wie früher vielfach angenommen, auf früh importierten asiatischen Kämpfern basieren. Besonders aufschlussreich war die Admixture-Analyse des Projekts, die in elf Schritten durchgeführt wurde und folgende Herkunftscluster erkennen ließ:

Das Südostasiatische Cluster repräsentiert geografisch die Ursprungsregion des Haushuhns und erreicht seine höchsten Frequenzen bei Bankivahühnern (ca. 65 %), in Vietnam (45 bis 85 %,), Indien (50 bis 55 %), bei japanischen Kämpfern (45 bis 70 %) und europäischen Malaientypen, also den europäischen Zuchtformen der asiatischen Kampfhühner (40 bis 60 %). Stark vertreten ist es auch bei europäischen und japanischen Urzwergen (20 bis 30 %), indigenen chinesischen Rassen (ca. 30 %), ostafrikanischen Kämpfern (30 bis 35 %) sowie den in Europa gezüchteten Langschwanzhühnern (10 bis 30 %). Bei westasiatischen und nordafrikanischen Rassen liegt sein Anteil zwischen 5 und 10 %. Da es bei allen asiatischen Kämpfern und Zwerghühnern (mit Ausnahme der Ohiki) als auch deren außerasiatischen Nachfahren signifikant vertreten ist, kann es als „Marker" für diese Gruppen aufgefasst werden, die beide im südostasiatischen Raum entstanden sind und von dort aus weiterverbreitet wurden.

Westasiatisch-Nordafrikanisches Cluster: Der westliche Ausbreitungszweig ist zu Beginn gekennzeichnet durch eine Zunahme des Westasiatisch-Nordafrikanischen Clusters, das in Indien ca. 30 % umfasst, im Nahen Osten und Ägypten mit 35 bis 40 % dominiert und auf dem Weg nach Ostafrika sukzessive bis über 90 % driftet. Eine hohe Frequenz zeigt es noch, wenn auch mit bereits abnehmender Tendenz, in der Türkei (25 bis 30 %) und im Mittelmeerraum (Sizilianische Kronenkämme ca. 25 %, Italiener 10 bis 15 %).

Das Westeuropäische Cluster wird erstmals im Nahen Osten und in Ägypten mit 30 bis 35 % deutlich sichtbar, erreicht in der Türkei 45 bis 50 % und dominiert schließlich massiv in Italien (60 bis 70 %), Spanien (ca. 70 %) und Mitteleuropa (bis über 90 % bei Rheinländern). Bei Rassen osteuropäischer Herkunft zeigt es mit 45 bis 55 % ähnliche Werte wie in der Türkei, während es auf dem Weg nach Nordostafrika deutlich abnimmt (15 bis 20 %). Es repräsentiert den Ausbreitungsweg von Kleinasien über Griechenland nach Italien und von dort, primär während der Zeit des Römischen Reiches, nach West- und Mitteleuropa.

Osteuropäisches Cluster: Die schon im Rahmen vorheriger Untersuchungen erkennbare Existenz einer osteuropäischen Gruppe konnte hier mit der Abgrenzung des Osteuropäischen Clusters weiter manifestiert werden. Während es bei türkischen Rassen nur etwa 15 bis 20 % ausmacht, steigt seine Frequenz bei den nachweislich aus Osteuropa stammenden Hauben- und Sprenkelhühnern auf 35 bis 45 % an, was darauf hindeutet, dass es in Südosteuropa zur Trennung in einen südwestlichen Zweig mit starker Zunahme des Westeuropäischen und einen nordöstlichen Zweig mit starker Zunahme des Osteuropäischen Clusters kam. Die Tatsache, dass Letzteres bei sehr alten englischen Rassen wie den Altenglischen Kämpfern und Dorking ähnliche Werte wie bei Hauben- und Sprenkelhühnern erreicht, spricht stark dafür, dass es zu einer eisenzeitlichen, von Osteuropa ausgehenden Verbreitung nach Mittel- und Westeuropa kam und dass es sich bei den Altenglischen Kämpfern und Dorking ebenso wie bei einigen europäischen Landzwerghühnern um relativ unverfälschte Nachfahren dieses alten Zweigs handelt (so zeigen z. B. die Deutschen Zwerge, abgesehen von ihren später hinzugekommenen asiatischen Anteilen, eine tendenziell ähnliche Clusterung). Die höchsten Werte erreicht das Osteuropäische Cluster bei den Federfüßigen Zwerghühnern mit fast 65 %, sodass diese zusammen mit ihren Verwandten als Zwergform der osteuropäischen Gruppe interpretiert werden können.

Das Weißleger-Cluster wurde durch die massive Selektion einiger Leghornlinien auf Legeleistung und damit einhergehende genetische Drift vom übrigen europäischen Genpool getrennt. Es dominiert bei den Weißlegerlinien komplett, umfasst bei den Leghorn knapp 30 % und ist bei allen Rassen mit Leghornbezug mehr oder weniger stark vorhanden.

Das Sebright-Cluster ist ebenso das Resultat einer starken Selektion und daraus resultierender genetischer Drift. Es dominiert zu 100 % bei den Sebright und ist zu etwa 88 % europäischer und 12 % asiatischer Herkunft, was in Einklang mit der Entstehung der Sebright aus südostasiatischen Nankin-Bantam, Hamburger Goldlack und Paduanern steht. Es ist speziell bei Urzwergen, die einen verwandtschaftlichen Bezug zu den Sebright haben, signifikant vorhanden und erreicht besonders hohe Frequenzen bei den Bantam und den Antwerpener Bartzwergen (20 bis 25 %).

Chinesisches Cluster: Auf dem asiatischen Ausbreitungszweig kommt es nordöstlich zu einer massiven Zunahme des Chinesischen Clusters, dessen Frequenz in Südostasien nur gut 10 % beträgt und bei den indigenen chinesischen Rassen unterschiedlicher morphologischer Typen auf etwa 50 % ansteigt. Die höchsten Werte erreicht es mit 70 bis 90 % bei den Brahma, Cochin und Orpington, also den in Europa entstandenen schweren Rassen chinesischer Herkunft. Bei deren (partiellen) Nachfahren, den Rassen im halbasiatischen Typ und den Zwischentyprassen, bewegen sich die Werte zwischen 30 und 80 % bzw. 25 und 45 %. Höhere Frequenzen werden auch auf dem Malaiischen Archipel (10 bis 30 %), in Südamerika (ca. 40 %) und bei einigen ostafrikanischen Rassen (ca. 25 %) erreicht. Es ist bei allen schweren Rassen im Cochin- und halbasiatischen Typ hochfrequent vorhanden und kann daher als „Marker" für diese Gruppen gewertet werden.

Das Seidenhuhn- und Zwerg-Cochin-Cluster spaltet sich in der Analyse erst relativ spät vorwiegend aus dem Chinesischen und zu geringeren Teilen aus dem Südostasiatischen und Osteuropäischen Cluster heraus. Es charakterisiert mit den Seidenhühnern und Zwerg-Cochin die in Europa gezüchteten leichten Rassen im Cochintyp und dominiert bei diesen komplett. Seine Existenz verdankt es vermutlich deren reproduktiver Trennung von ihren chinesischen Basispopulationen und nachfolgender genetischer Drift. Bei den nah verwandten chinesischen Rassen erreicht es im Schnitt 20 %, bei Cochin, Brahma und Orpington ca. 10 %.

Japanisches Cluster: Die geografische und lang während politische Isolation Japans führte zur Ausbildung des Japanischen Clusters, das bei den Langschwanzrassen Onagadori, Totenko und Ohiki Frequenzen von 90 bis 100 % erreicht und diese so als Nachfahren der ersten japanischen Hühner identifiziert, die, wie die Neighbor-Joining-Analyse zeigt, einen genetischen Bezug zu China haben (siehe Seite 142). Bei den Chabo, die einen zusätzlichen Input südostasiatischer Zwerghühner erhielten, umfasst das Japanische Cluster ca. 70 % und bei den japanischen Kämpfern, deren Ursprung ebenso in Südostasien zu verorten ist, zwischen 15 und 30 %. Erhöhte Frequenzen (15 bis 45 %) liegen auch bei den in Europa gezüchteten Langschwanzrassen Phönix und Yokohama sowie den Deutschen Zwergen als partiellen Nachfahren der Phönix vor.

Braunleger: Die Selektion der kommerziellen Braunleger aus Wirtschaftsrassen des halbasiatischen Typs führte zur Differenzierung von zwei Clustern, die bei den Braunlegerlinien volle 100 % einnehmen und bei ihren maßgeblichen Vorfahren, den Rhodeländern und New Hampshire, ca. 20 % umfassen. Infolge Einkreuzung von Braunlegern konnten die Cluster auch bei verschiedenen anderen Rassen mit Frequenzen von bis zu 20 % vorgefunden werden.

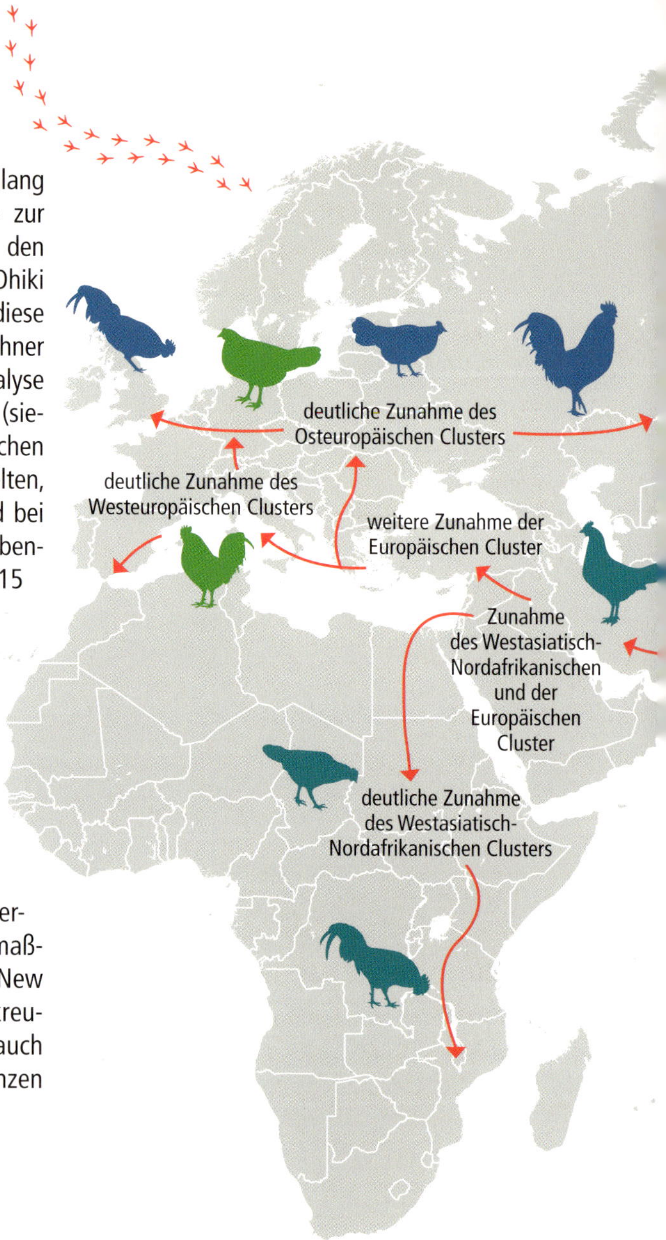

Sekundäre Ausbreitung

Durch verstärkte Handelsbeziehungen, besonders den ausgeprägten niederländischen und britischen Seehandel, kam es vor allem ab dem 18. Jahrhundert zur Einfuhr asiatischer Rassen unterschiedlicher Typen („Riesenhühner", Kampfhühner, Langschwanzrassen, Zwerghühner) nach Europa und Nordamerika. Deren Kombination mit indigenen Landhühnern führte zu einer geradezu explosionsartigen Entstehung neuer Typen und Rassen, sodass man hier durchaus von einer sekundären Ausbreitung sprechen kann.

So entstanden unter dem Einfluss der „Riesenhühner" (Cochin, Brahma, Langschan) Zwischentyprassen wie Vorwerkhühner, Katalanier oder Sulmtaler und Wirtschaftsrassen im halbasiatischen Typ wie Rhodeländer, New Hampshire, Wyandotten, Plymouth Rocks oder Australorps, aus denen später schließlich die Braunleger hervorgingen.

Diese Wirtschaftsrassen fanden weltweite Verbreitung und haben mittlerweile vielerorts die lokale Haushuhnfauna beeinflusst. Doch nicht nur in der Wirtschaftsgeflügelzucht, auch im Bereich der sich in England entwickelnden Hobbyzucht spielten eingeführte asiatische Rassen eine entscheidende Rolle. Die Entstehung so populä-

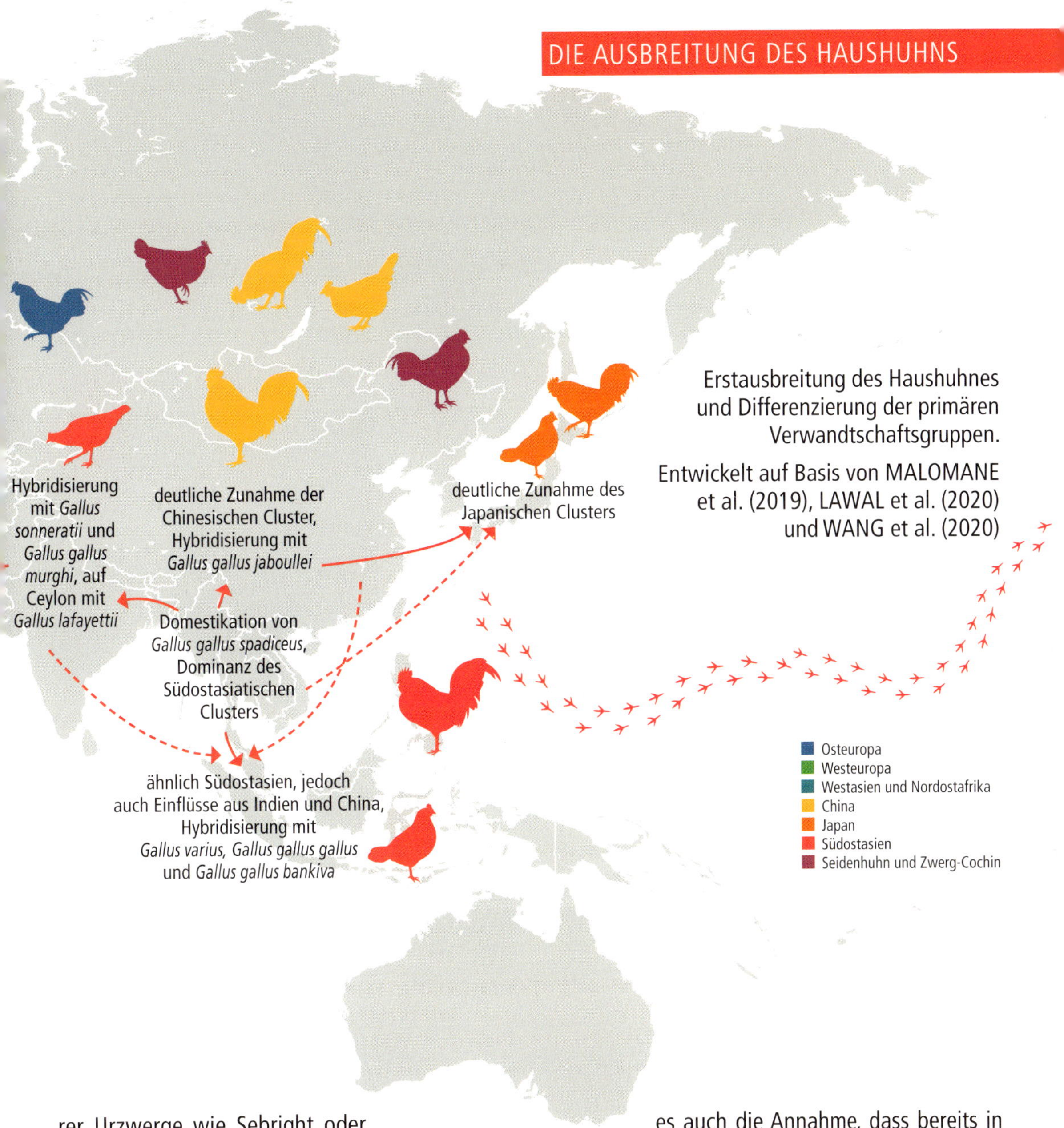

Erstausbreitung des Haushuhnes und Differenzierung der primären Verwandtschaftsgruppen.

Entwickelt auf Basis von MALOMANE et al. (2019), LAWAL et al. (2020) und WANG et al. (2020)

rer Urzwerge wie Sebright oder Bantam wäre ohne den Einfluss asiatischer Zwerghühner wie der Nankin-Bantam nicht denkbar gewesen.

Ähnliche Prozesse wie in Europa fanden auch in Afrika statt. Nur waren es hier vornehmlich indische Händler, die Hühner an die ostafrikanische Küste importierten und so zur Ausbildung neuer Formen beitrugen.

Viel diskutiert wurde die Herkunft der südamerikanischen Rassen, speziell der Araucana. Sicher ist, dass neuzeitlich spanische und asiatische Rassen nach Südamerika verbracht wurden. Doch gibt es auch die Annahme, dass bereits in vorkolumbianischer Zeit polynesische Seeleute den amerikanischen Kontinent erreichten und das Haushuhn dort verbreiteten. Die vorliegenden DNA-Analysen zeigen einen deutlichen Einfluss chinesischer und europäischer Rassen. Woher die chinesische Komponente im Einzelnen kam, bleibt jedoch unklar.

Die Grafik zeigt die Erstausbreitung des Haushuhns und die Differenzierung der primären Verwandtschaftsgruppen, basierend auf den Frequenzen der jeweiligen Cluster und ihrer Veränderungen im Zuge der Ausbreitung.

Beschreibungen der Hühnerrassen

Ein wichtiger Verwandtschaftskreis in der Welt der Hühnerrassen umfasst die Haubenhühner. Das Pawlowskaja-Huhn, hier in "Gold-Schwarz", verkörpert eine der ursprünglichsten Rassen mit Federhaube.

Unser Ziel bei der Beschreibung der Hühnerrassen war es, möglichst viele Aspekte ihrer spezifischen Charakteristika darzustellen wie Herkunft, Erscheinungsbild, Wesens- und Leistungseigenschaften sowie Bruttrieb. Auf intensive Merkmalsbeschreibungen haben wir verzichtet, da hierzu umfangreiche Fachliteratur vorhanden ist.

Bei der Gruppierung der Rassen sind wir vorwiegend ihren verwandtschaftlichen Beziehungen gefolgt, haben dabei aber versucht soweit möglich, auch morphologische Charakteristika und besondere Eigenschaften wie Körperform, Haubenbildung, Zeichnungsbilder oder spezielles Krähverhalten mit einfließen zu lassen.

Grundlegendes

Die Angaben zur Neighbor-Joining- und Admixture-Analyse stammen, soweit nicht anders zitiert, aus dem SYNBREED chicken diversity panel (MALOMANE et al. 2019). Die Grundlagen hierfür können im Kapitel „Ausbreitung des Haushuhns" nachgelesen werden.

Die Werte für die Heterozygotie und Polymorphie wurden ebenfalls dem SYNBREED-Projekt entnommen. Bei ihnen handelt es sich um Parameter, mit denen die genetische Variabilität einer Population beschrieben werden kann:

- Die beobachtete Heterozygotie bezeichnet den gemittelten Anteil der Individuen, die an jeweils einem Genort zwei verschiedene Allele haben, also spalterbig sind. Je höher die Heterozygotie, desto geringer der Inzuchtgrad.
- Die Polymorphie gibt den Anteil der untersuchten Genorte einer Population wieder, an denen mindestens zwei Allele vorkommen. Sie sagt also etwas über die Vielgestaltigkeit der Population aus.

Die Angaben zur Legeleistung entstammen weitgehend den Auflistungen des Zuchtbuchs des BDRG (Bund Deutscher Rassegeflügelzüchter e.V.). Ergänzt wurden sie durch Informationen von Züchtern und eigene Aufzeichnungen.

Auswahlverfahren

Bei der Auswahl der Rassen für diesen ersten Band haben wir versucht, möglichst viele verwandtschaftliche Gruppen, Merkmale und Zeichnungsvarianten sowie deren genetische Hintergründe zu berücksichtigen. Dabei lag der Fokus besonders auf „Prototypen", also ursprünglichen Vertretern der einzelnen Gruppen, wie z. B. den Altenglischen Kämpfern, Dorking, Brabantern, Paduanern, Rheinländern, Minorka, Asil, Sumatra, Brahma oder Onagadori.

Außerdem haben wir bewusst auch Rassen hinzugenommen, die nicht von der Ausstellungszucht betreut werden und ursprüngliche, noch variable Landschläge verkörpern, die einen Einblick in die Geflügelzucht vor Etablierung des Schauwesens ermöglichen. Es muss daher niemand enttäuscht sein, wenn seine „Lieblingsrasse" noch nicht dabei ist, sie kommt garantiert in einem der nächsten Bände vor.

Neighbor-Joining- und Admixture-Analysen bringen oft verblüffende Verwandtschaftsverhältnisse zum Vorschein. So sind die Derbyshire Redcaps (oben) aus Nordengland sehr nahe mit den Appenzeller Spitzhauben (rechts) aus der Schweiz verwandt. Beide Rassen verdanken einen großen Teil ihrer heutigen Genetik einem weit zurückliegenden Ursprung in Osteuropa.

Englische Rassen

Dass wir in diesem Buch mit der Beschreibung der englischen Rassen beginnen, ist einzig der Tatsache geschuldet, dass hier mit den Altenglischen Kämpfern und Dorking zwei der ältesten bekannten Hühnerrassen beheimatet sind.

Die Vorfahren des Dorking-Huhns wurden wahrscheinlich bereits zur Römerzeit auf den britischen Inseln als Haushühner gehalten (Farbschlag „Silberhalsig").

Die ursprünglichen englischen Rassen ordnen sich im Verwandtschaftsgefüge der Haushühner als Schwestergruppe der aus Osteuropa stammenden Hauben- und Sprenkelhühner ein. Sie repräsentieren so vermutlich die von dort ausgehende, möglicherweise von den Skythen getragene eisenzeitliche Ersteinfuhr des Haushuhns in den Raum der Hallstattkultur, von wo aus es dann mit der keltischen Expansion schließlich auch auf die Britischen Inseln kam (siehe auch Kapitel 2: „Die Geschichte des Haushuhns").

Dementsprechend ähnelt ihre Clusterung in der Admixture-Analyse jener der Hauben- und Sprenkelhühner mit einem jeweils starken westeuropäischen und osteuropäischen sowie einem moderat vertretenen westasiatisch-nordafrikanischen Anteil. Hinzu kommen noch bis zu 5 % des Sebright-Clusters, was die Beteiligung englischer Rassen, speziell der Hamburger Goldlack, an der Entstehung der Sebright widerspiegelt.

Abweichend davon wird bei den Hamburger Silberlack die Clusterung infolge des hohen Inzuchtgrads und der daraus resultierenden Homogenität überformt, was zu einer fast vollständigen Dominanz des osteuropäischen Clusters führt.

Altenglische Kämpfer

Das Wort „Kämpfer" sorgt insbesondere bei Neueinsteigern in der Hühnerhaltung immer wieder für große Vorurteile. Viele Hühnerhalter haben anfangs beinahe einen Widerwillen, sich mit Hühnerrassen aus dieser Gruppe zu beschäftigen. Oft ändert sich das erst, wenn sie „Kämpfer" einmal in natura erlebt haben, denn viele Exemplare sind dem Menschen gegenüber ausgesprochen neugierige, freundliche und zahme Tiere. Die Bezeichnung „Kämpfer" offenbart zum einen den erforderlichen Mut, den diese Tiere früher brauchten, und zum anderen hatten solche Rassen immer auch mehr direkten Kontakt zum Menschen als beispielsweise die „normalen Landhühner".

„Eisbrecher" für die Kämpfer sind heute oft die Modernen Englischen Zwergkämpfer, kurz MEZK. Doch hätten auch ihre Verwandten, die Altenglischen Kämpfer, mehr Aufmerksamkeit verdient. Heute sind es insbesondere die Zwergformen, die für Furore sorgen, denn sie werden bei Hobbyhaltern oft zahmer als viele andere Hühner und gelten dann bald als Heimtiere. Wie kleine Raptoren springen sie in die Luft, um einen Mehlwurm von Menschenhand zu ergattern, oder laufen ebenfalls in Dinomanier bei der täglichen Gartenrunde mit.

Kaum eine Hühnerrasse hat die organisierte Geflügelzucht mehr beeinflusst als dieses „englische Nationalhuhn", dessen Zuchttradition sich, wie wir heute wissen, sogar bis ins Altertum zurückverfolgen lässt. Fanden doch schon die Römer bei der Eroberung Britanniens dort eine dem Hahnenkampf zugeneigte Bevölkerung vor, deren lokale Kampfhuhnpopulation die maßgebliche, wenn nicht gar einzige Basis der heutigen Altenglischen Kämpfer bildete.

Herkunft und Entstehung: Wenn auch das hohe Alter der Rasse niemals zur Disposition stand, war ihre ursprüngliche Herkunft bis in jüngste Zeit alles andere als geklärt und Gegenstand zahlreicher Mutmaßungen und Spekulationen. Weitverbreitet war z. B. die Auffassung, dass die Vorfahren dieser Tiere sich auf etwa 2.800 Jahre alte phönizische Importe zurückführen lassen. Asiatische Kampfhühner vom Malaientyp sollten so in den östlichen Mittelmeerraum und von dort in die phönizischen Einflussgebiete England und Spanien gelangt sein, um dann später durch weitere Asienimporte der Römer gefestigt zu werden. Dagegen spricht jedoch zweifellos das Fehlen der für asiatische Kämpfer so typischen Kammformen wie Wulst- oder Erbsenkamm und der mehr landhuhnartige Typ der Altenglischen Kämpfer, sodass alternativ angenommen wurde, es müsse sich bei diesen phönizischen Importen eher um Tiere des westasiatischen Raums („Persischer Kämpfer" der Antike) gehandelt haben.

Umso überraschender waren dann die Ergebnisse der DNA-Typisierungen, die klar aufzeigen konnten, dass keine dieser beiden Theorien einer Überprüfung standhielt. Auch wenn diese phönizischen Importe tatsächlich stattgefunden haben, was durchaus nicht unwahrscheinlich ist, einen starken Einfluss auf die Entwicklung der Altenglischen Kämpfer haben sie sicher nicht gehabt. Denn die Rasse ist praktisch komplett europäischen Ursprungs und ihre nächsten Verwandten sind die ebenso „urenglischen" Dorking und Hamburger Lackhühner.

Ihre Clusterung ist typisch
für ursprüngliche englische Rassen:

- ca. 40 % westeuropäischer Anteil
- ca. 45 % osteuropäischer Anteil
- ca. 5 % westasiatisch-nordafrikanischer Anteil
- ca. 5 % Sebright-Anteil

Lediglich ein minimaler südostasiatischer Input von deutlich unter 5 % deutet darauf hin, dass es wohl nach Einfuhr asiatischer Kämpfer im 18. und 19. Jahrhundert zu vereinzelten Einkreuzungen dieser Rassen kam, die sich jedoch im

Bild 1: Eine typvolle Altenglische Kämpferhenne des silberhalsigen Farbschlags, mit breiter Brust und neugierigem Charakter.

Bild 2: Drei Altenglische Kämpferhennen genießen ihren Spaziergang in der grünen Wiese. Farbschlag: Silberhalsig.
Bilder 3a und 3b: Eine Henne (a) und ein Hahn (b) der Altenglischen Zwergkämpfer im Farbschlag Silberhalsig auf einer Hühnerausstellung. Dank ihres ruhigen Charakters eignet sich die Rasse bestens für das Schauwesen.
Bild 4: Von oben betrachtet, hat diese Altenglische Kämpferhenne die Form eines breiten Bügeleisens

Genpool der Altenglischen praktisch nicht niedergeschlagen haben. Mit anderen Worten: Die Altenglischen Kämpfer sind noch älter als bisher angenommen und repräsentieren zusammen mit den Dorking ein einmaliges, unwiederbringliches Kulturgut der europäischen Haustierzucht.

Bedeutsame Rolle

Ebenso bedeutsam ist ihre Rolle bei der Entstehung und Stabilisierung zahlreicher anderer Hühnerrassen. So zeigen die in Europa gezüchteten asiatischen Kampfhühner wie Asil oder Malaien ebenso wie die hier gezüchteten Langschwanzrassen (Phönix, Sumatra, Yokohama) einen deutlichen europäischen Anteil von ca. 25 bis 50 %, der hauptsächlich von den Altenglischen Kämpfern beigesteuert wurde. Sie wurden bei diesen Rassen zur Erweiterung der anfangs nur geringen Zuchtbasis und zur Minimierung der damit verbundenen Inzucht hinzugenommen.

Erscheinungsbild: Altenglische Kämpfer verkörpern ein mittelgroßes, kräftiges, muskulöses und bewegliches Kampfhuhn im Landhuhntyp mit fester Muskulatur, Einfachkamm, überwiegend roten Ohrlappen und ausgeprägtem, hartem Gefieder. Die Lauffarbe variiert bei den einzelnen Farbvarianten von Schwarz über Schiefergrau bis hin zu Fleischfarbig, Weidengrün und Gelb.

In England gibt es zudem hennenfiedrige Linien („Hennies") sowie Tiere mit Bart („Muffs") und Schopf („Tassels"). Letztere sind seit 1988 auch in Deutschland zugelassen.

Während im Heimatland mehr als 25 Farbvarianten gezüchtet werden, sind in Deutschland folgende 22 Farbenschläge anerkannt:

- Goldhalsig und Blau-Goldhalsig
- Silberhalsig, Blau-Silberhalsig, Silberhalsig mit Orangerücken, Blau-Silberhalsig mit Orangerücken
- Gold-Weizenfarbig, Blau-Weizenfarbig, Silber-Weizenfarbig
- Rotgesattelt und Rotgesattelt-Weizenfarbig
- Rebhuhnfarbig mit weißen Federspitzen
- Orangebrüstig und Blau-Orangebrüstig
- Birkenfarbig und Blau-Birkenfarbig
- Schwarz, Weiß, Blau mit und ohne Saum, Gesperbert und Schwarz-Weißgescheckt

Leistungseigenschaften: Obwohl Altenglische Kämpfer keine auf Legeleistung selektierte Rasse sind, kann ihre Leistung von 100 bis 120 weißen bis gelblichen Eiern mit einem Mindestgewicht von 50 g dennoch überzeugen.

Wesenseigenschaften: Altenglische Kämpfer haben sich viele Eigenschaften aus ihrer Zeit als Kampfhuhn bewahrt, wie Robustheit, Umsicht, Wendigkeit, Aufmerksamkeit und Mut gegenüber Angreifern bzw. Prädatoren. Sie sind daher sehr kampflustig, was nicht nur die Hähne, sondern auch die Hennen betrifft. Bei entsprechender Zuwendung können sie durchaus zutraulich werden.

Bruttrieb: Erfreulicherweise ist der Bruttrieb bei dieser Rasse noch sehr gut ausgeprägt. Die Hennen brüten zuverlässig und sind fürsorgliche Glucken.

Empfehlungen für Zucht und Haltung: Da die Tiere robust sind, kommen sie gut mit harten Witterungsbedingungen zurecht und stellen keine besonderen Ansprüche an die Haltung. Um ihnen eine optimale Entwicklung zu gewährleisten, sollten sie möglichst im freien Wiesenauslauf gehalten werden. Dabei ist zu beachten, dass sie flugtüchtig sind und die Zäune daher eine Höhe von 2 m oder mehr haben sollten. Aufgrund ihres Kampftriebs ist es schwierig, die Gruppenzusammensetzung innerhalb

eines Stammes zu verändern und fremde Tiere zu integrieren. Die Hähne sollten rechtzeitig getrennt werden, um ständige Kämpfe und Verletzungen zu vermeiden. Da es sich bei den Altenglischen Kämpfern um uraltes Kulturgut handelt, sollte dieses unverfälscht erhalten und auf die Einkreuzung asiatischer Kampfhühner komplett verzichtet werden.

> Jahrhundertelang wurden die Altenglischen Kämpfer ausschließlich für den Hahnenkampf gezüchtet, bis dieser schließlich 1849 in England verboten wurde und eine Umstellung auf die Ausstellungszucht erfolgte.

Zwergform: Altenglische Zwergkämpfer stellen keine Verzwergung der Großrasse dar, sondern sind vielmehr aus seinerzeit in England weitverbreiteten Landzwergkämpfern hervorgegangen. So beschreibt es zumindest der britische Standard und betont, dass die Großrasse nur in geringem Umfang in das Zwergformat einfloss.

Sie haben einen muskulösen, breiten, runden, ja geradezu „ballförmigen" Körper auf breiter Stellung mit eingeknicktem Fersengelenk und vollem, harten Gefieder.

In Deutschland sind sie in allen Farbvarianten der Großrasse anerkannt. Hinzu kommen noch Schwarz und Blau mit Messingrücken, Kennfarbig und Ginger-Red.

Genetisch besonders interessant ist die Färbung Ginger-Red, die ein wenig der Columbia-Zeichnung ähnelt, jedoch nicht auf dem Columbia-Faktor (Co), sondern auf dem ebenso als Eumelanin-Restriktor wirkenden Gen Dark Brown (Db) beruht. Die Erbformel lautet demnach e^+ Db s^+. Der Hauptunterschied zur Columbia-Zeichnung betrifft die Hennen, die stärker gezeichnet sind und daher eher spalterbigen Columbia-Hennen (Co co^+) gleichen.

Die Tiere sind sehr zutraulich und unproblematisch in der Haltung. Die Hähne sind furchtlos und jederzeit bereit, ihre Hennen zu verteidigen. Wie die Großrasse sind auch die Zwerge gute Brüter und Glucken. Ihre Legeleistung ist stark abhängig von ihrer Brütigkeit und variiert zwischen 50 und 120 gelblichen, mindestens 30 g schweren Eiern.

Dorking

Die 2.000 Jahre alte Beschreibung schwerer, fünfzehiger Hühner aus dem Süden Englands durch den römischen Schriftsteller Columella spricht dafür, dass es sich bei den heutigen Dorking tatsächlich um Nachfahren dieser Hühner handelt. Das zutrauliche Huhn im schweren, kastenförmigen Landhuhntyp wäre damit eine der ältesten Hühnerrassen der Welt, dem im Rahmen der Erhaltungszucht eine besondere Bedeutung zukommen sollte.

Herkunft und Entstehung: Viel ist vor diesem historischen Hintergrund über die Herkunft der Dorking spekuliert worden. So gaben ihr großer, schwerer Körper und ihre roten Ohrlappen Anlass zu der Vermutung, dass sie aus der Ersteinfuhr schwerer asiatischer Hühner nach Europa hervorgegangen sind, die dann im Römischen Reich nach Mischung mit italienischen Landhühnern bis nach England verbracht wurden. Dem widersprechen jedoch die genetischen Befunde. Sie zeigen, dass die deutschen Bestände der Dorking tatsächlich einen asiatischen, speziell chinesischen Anteil von etwa 20 % haben. Dieser fehlt aber bei ihren englischen Vettern fast vollständig (WRAGG et al. 2012, SIWEK et al. 2013) und ist bei den Houdan als ihren partiellen Nachfahren überhaupt nicht vorhanden.

Die Einkreuzung asiatischer Rassen in die deutschen Zuchten muss also sehr viel später erfolgt sein und ist vermutlich das Resultat gezielter züchterischer Bemühungen der letzten Jahrzehnte.

Abgesehen davon ähnelt die Clusterung der Dorking mit einem starken west- und osteuropäischen Anteil jener der Altenglischen Kämpfer, mit denen sie sich klar in die Gruppe der europäischen Rassen einreihen.

Es spricht also vieles dafür, dass die Dorking tatsächlich eine ältesten Hühnerrassen der Welt sind, deren Vorfahren mit der Ersteinfuhr des Haushuhns bereits in vorrömischer Zeit nach England gelangt sind und später dort von Columella beschrieben wurden. Sie stellen damit genau wie die Altenglischen Kämpfer ein einmaliges, unwiederbringliches Kulturgut der europäischen Haustierzucht dar.

Den nächsten gesicherten Hinweis auf die Rasse liefern die Naturforscher Brisson und Gmelin. Sie rühmten 1760 bzw. 1766 die „vortrefflichen Tafelhühner von Dorking", die dort sowie in den Nachbargrafschaften Sussex und Kent seit vielen Jahrhunderten zu Hause seien (WANDELT & WOLTERS 1996).

Die genetische Diversität ist in Relation zur Seltenheit der Rasse mit Werten von 0,203 für die Heterozygotie und 0,789 für die Polymorphie relativ hoch, was jedoch auch das Resultat der Einkreuzungen jüngeren Datums sein kann.

Erscheinungsbild: Im Gegensatz zu den üblichen vier Zehen müssen rassetypische Dorking stets fünf Zehen an ihren Füßen haben (Polydactylie). Anatomisch beruht dieses Merkmal auf einer Verdopplung der Hinterzehe, für dessen Entstehung ein dominanter Faktor (Po) angenommen wird, der seinerseits einer unterschiedlichen Ausprägung durch diverse Modifikatoren unterliegt und daher nur eine unvollständige Penetranz zeigt. Es kann also vorkommen, dass bei der Verpaarung fünfzehiger Tiere mit vierzehigen trotz Dominanz der Fünfzehigkeit auch vierzehige Tiere auftreten.

Dorking verkörpern einen Landhuhntyp, der sich durch seinen breiten, kastenförmigen Körperbau und einem Gewicht von bis zu 4,5 kg eindeutig von anderen Landhuhnrassen abhebt. Sie kommen sowohl in der einfachkämmigen als auch rosenkämmigen Variante vor, haben überwiegend rote bis weiße Ohrlappen, fleischfarbige Läufe und eine lange volle Befiederung.

Dorking werden in folgenden Farbenschlägen gezüchtet:

- Silberhalsig (ehemals Silbergrau) und Goldhalsig
- Silber-Wildfarbig (ehemals Dunkel) und Gold-Wildfarbig (ehemals Rotbraun)
- Weiß und Gesperbert

Bei den Silber- und Gold-Wildfarbigen kommt zur Silber- bzw. Goldhalsigkeit (e^+S bzw. e^+s^+) auch noch der Eumelanin-Verstärker Melanotic (Ml) hinzu, der eine Verdunkelung der Färbung und eine schwarze Brustsäumung bei den Hennen bewirkt.

Bild 1: Ein prächtiger Zuchtstamm der klassischen gold-wildfarbigen Dorking.

Fotos © Ralf Thekook

Bild 2: Dorking mit Rosenkämmen sind heute sehr selten, doch diese Hennen sind ein schönes Beispiel dafür.

Leistungseigenschaften: Heute werden Dorking oft als Zweinutzungsrasse bezeichnet. Aufgrund ihres hohen Gewichts wurden sie in vergangenen Jahrhunderten jedoch eindeutig als Tafelhühner betrachtet, deren Fleisch auf den Londoner Märkten lange Zeit heiß begehrt war. So verwundert es kaum, dass Dorking im Lauf der Geschichte auch regelmäßig bei der Erzüchtung anderer „Tafel-Rassen" zum Einsatz kamen. Dorking haben beispielsweise zur Entstehung der Houdan, Faverolles, Sussex, Sundheimer und Sulmtaler beigetragen. An die ersteren beiden haben sie zudem die Fünfzehigkeit vererbt. Die Legeleistung der Dorking liegt im Bereich von 100 bis 140 weißen Eiern mit einem Mindestgewicht von 55 g.

Wesenseigenschaften: Dorking haben ein überaus angenehmes, ruhiges und zutrauliches Wesen. Ihre behäbige Art und ihre Verträglichkeit strahlen Ruhe und Gelassenheit aus.

Bruttrieb: Der Bruttrieb ist bei den Dorking noch gut ausgeprägt und zuverlässig.

Empfehlungen für Zucht und Haltung: Obgleich global betrachtet silberhalsige bzw. silber-wildfarbige Dorking am bekanntesten sind, sollten auch die anderen Farbvarianten mehr Berücksichtigung in der Zucht finden. Immerhin existieren sie schon seit langer Zeit und sind deshalb von hohem historischen Wert. Von einer weiteren Einkreuzung asiatischer Rassen ist dringend abzuraten. Der Genpool der Dorking gehört zu den ältesten Europas und sollte daher möglichst unverfälscht erhalten bleiben. In der praktischen Haltung empfiehlt sich ein regelmäßiges Einkürzen der fünften Kralle, da diese manchmal unnatürlich verdreht ist oder sich kaum abnutzt.

Bild 3: Die Henne im Farbschlag Gold-Wildfarbig ist gut getarnt, mit ihren vielen Schattierungen von Braun.

Bild 4: Gold-Wildfarbige Dorking-Küken zeigen ein gestreiftes Tarnkleid, ähnlich jenem von Fasanen- und Wachtelküken. Dorking-Küken sind frohwüchsig und zeigen am fünften Lebenstag gut sichtbare Federn an den Flügeln.

Bild 5: Dorking-Hähne sind vergleichsweise schwer und dürfen bis zu 4,5 kg auf die Waage bringen.

Fütterung

Wer sich viele Jahre an ausgewachsenen Dorking erfreuen möchte, verzichtet am besten auf eine ausgeprägte Mast. Zur Abwechslung kann regelmäßig Grünfutter und Gemüse gereicht werden, denn die Tiere neigen bei einseitiger Ernährung zu Übergewicht und damit einhergehend zu Gelenkproblemen.

Zwergform: Zwerg-Dorking entstanden in der ersten Hälfte des 20. Jahrhunderts in England, wobei unklar bleibt, welche Ausgangsrassen hier Pate gestanden haben. Nach Deutschland gelangten sie über die Niederlande, nachdem sie dort ebenso wie in den USA seit den 1950er-Jahren Fuß gefasst hatten. Sie werden im silberhalsigen Farbenschlag in der einfachkämmigen Variante gezüchtet. Auch sie sind von ruhigem Wesen und brüten regelmäßig. Ihre Legeleistung liegt bei 120 bis 150 weißen Eiern mit einem Mindestgewicht von 40 g.

Hamburger Lackhühner

Obwohl die getupften und gesprenkelten Varianten eleganter, fasanenartiger Landhühner mit dem typischen langen und gerade auslaufenden Rosenkamm im Rahmen des Schauwesens als „Hamburger" zusammengefasst werden, handelt es sich trotz der zweifellos vorhandenen phänotypischen Gemeinsamkeiten um zwei verschiedene Rassen unterschiedlicher Herkunft. Zumindest in ihren Anfangstagen haben sie außerdem eine unterschiedliche Geschichte. Denn die Basis der Gold- und Silberlack – und der aus ihnen hervorgegangenen Schwarzen, Weißen und Blau-Gesäumten – ist sehr viel tiefer in England verhaftet als jene der erst zu Beginn des 19. Jahrhunderts von der deutschen und niederländischen Nordseeküste dorthin gelangten Sprenkel. Deren nächste Verwandte sind, wie mittlerweile molekulargenetisch zweifelsfrei bestätigt, die übrigen Sprenkelhühner wie die Friesenhühner, Ostfriesische Möwen oder Brakel (GRANEVITZE et al. 2009).

Dass es trotzdem zu dieser künstlichen Zusammenfassung kam, geht auf die Initiative des englischen Preisrichters B. S. Dixon zurück, der 1850 alle jene Varianten, die tatsächlich oder vermeintlich den Weg vom Festland auf die Insel nahmen, schlichtweg als „Hamburger" bezeichnete.

Um der unterschiedlichen Herkunft dieser Varianten Rechnung zu tragen und ihnen den eigentlich verdienten „Status" als eigenständige Rassen zukommen zu lassen, haben wir uns entschlossen, sie hier getrennt zu betrachten und die Hamburger Sprenkel in einem der nächsten Bände ausführlich zu beschreiben.

Herkunft und Entstehung: Auch wenn ihr Name anderes vermuten lässt, die Wiege der Hamburger Lackhühner steht nicht etwa in Norddeutschland, sondern ist vielmehr innerhalb der alten indigenen Landhuhnpopulationen Englands zu verorten. Denn zu ihren nächsten Verwanden gehören keine Geringeren als die ältesten Exponenten englischer Haushuhnzucht, die Altenglischen Kämpfer und die Dorking. Die charakteristische Tupfung ist sicher auf den früheren Einfluss von Haubenhühnern, speziell aus dem Verwandtschaftskreis der Brabanter und Eulenbarthühner, zurückzuführen, sodass tatsächlich ein Bezug zu Festlandimporten erkennbar wird. Auf die Eingruppierung der Lackhühner innerhalb der englischen Rassen hatte das aber keinen signifikanten Einfluss.

Die Vorfahren sowohl der Silberlack als auch der Goldlack lassen sich in Nordengland bis zur Mitte des 18. Jahrhunderts zurückverfolgen. Sie begegnen uns in Form der Mondhühner oder Lancashire Mooneys und der halbmondgesäumten Samthosenhühner oder Yorkshire Pheasants. Während die Mooneys zu den Silberlack überleiten, haben sich die Pheasants weitgehend in den Altenglischen Fasanhühnern erhalten und leiten sowohl zu den eleganten Goldlack als auch zu den kräftigeren, mit großem Rosenkamm ausgestatteten Redcaps über (siehe auch WRAGG et al. 2012).

Das Aufkommen des Schauwesens führte zu einer intensiven Farbzucht auf eine möglichst runde und gleichmäßige Tupfung. Das ist sicher die Hauptursache des aktuell hohen Inzuchtgrads der

Bilder 1a und 1b: Silberlack nennt sich der Farbschlag zu welchem dieser aparte Zwerg-Hamburger-Hahn gerechnet wird. Der nach hinten schmaler werdende Rosenkamm mit Dorn macht den Kopf dieses Zwerg-Hamburger-Hahns so markant.

in dieser Hinsicht äußerst homogenen Silberlack (Heterozygotie 0,106; Polymorphie 0,388).

Schwarze resultierten aus der Einkreuzung von Spaniern und Minorka in die Silberlack, was deren höheren Stand und die bis heute größeren Ohrscheiben erklärt. Später kamen noch Sumatra und Goldlack hinzu, was im Nebeneffekt zur Entstehung der mittlerweile wieder ausgestorbenen Schwarzlack mit grün glänzenden Tupfen auf dunkelbrauner bis schwarzer Grundfarbe geführt hat.

Auch die Weißen entstanden auf Basis der Silberlack, wobei unter Berücksichtigung weiterer geeigneter Rassen die Zeichnung immer stärker zurückgedrängt wurde. Als jüngster Farbenschlag kamen schließlich die Blau-Gesäumten hinzu.

Erscheinungsbild: Hamburger Lackhühner sind exquisit befiederte Hühner mit einer geschmackvollen Gesamterscheinung, deren optische Perfektion während der gesamten Zuchtgeschichte stets im Vordergrund stand.

Neben den reizvollen Gefiederzeichnungen sorgen auch die vollen und jeweils überlangen Sattel- und Sichelfedern des Hahns für Highlights. Der bei beiden Geschlechtern lange, spitz zulaufende Rosenkamm setzt dem Ganzen quasi noch die Krone auf. Hinzu kommen eine elegante, fasanenartige Körperform und Linienführung, relativ große weiße Ohrscheiben und schieferfarbige Läufe. Traditionell sind die Goldlack etwas kleiner und leichter als die Silberlack und die einfarbigen Varianten.

Die Tupfung der Gold- und Silberlack entspricht genetisch der Tupfung bzw. Halbmondsäumung der Haubenhühner und beruht wie bei den Eulenbarthühnern, Brabantern und Thüringer Barthühnern auf der Erbformel E^R Pg Db Ml.

Leistungseigenschaften: Obwohl oft als reine Zierhühner betrachtet, weisen Hamburger Lackhühner sehr gute, teils sogar außergewöhnliche Leistungseigenschaften auf. So legen die Silberlack im Schnitt zwischen 140 und 170 Eier, während bei den Schwarzen sogar Leistungen von über 180 und bei den Goldlack fast unglaubliche 200 weiße Eier mit einem Gewicht von 50 bis 55 g möglich sind.

Wesenseigenschaften: Hamburger Lackhühner sind lebhaft, neigen aber nicht zu übermäßiger Nervosität. Das liegt wohl auch daran, dass der „natürliche Lebensraum" dieser Hühnerrasse, so möchte man fast schon sagen, der Schaukäfig zu sein scheint, wo eine gewisse innere Ruhe nun mal von Vorteil ist. Das sollte aber niemanden von dem Versuch abhalten, diese Hühner frei laufend auf der grünen Wiese zu halten. Auch als Garten- und Bauernhofhühner sind sie nämlich überaus geeignet und machen ihrem Beinamen „Perlen der Geflügelzucht" alle Ehre.

Bruttrieb: Hamburger Lackhühner gelten allgemein als Nichtbrüter.

Bilder 2a und 2b: Drei Hamburger Silberlack-Hennen genießen die Sonne im winterlichen Freilauf. Auch bei den Hennen der Hamburger soll der Rosenkamm in einem langen geraden Dorn enden.

Empfehlungen für Zucht und Haltung: Trotz des hohen Inzuchtgrads der Silberlack gibt es keine vermehrten Hinweise auf geringe Befruchtungs- oder Schlupfraten. Offensichtlich hat die Population ein hohes Stadium an „Inzuchtresistenz" erreicht, sodass die negativen Allele zum großen Teil aus dem Genpool gedriftet sind und Inzuchtdepressionen kaum noch auftreten.

Wie bei allen ursprünglichen Züchtungen sollte auch bei den Hamburger Gold- und Silberlack auf jegliche Form von Einkreuzungen verzichtet werden, um sie in ihrer Einmaligkeit zu erhalten.

Zwergform: Bereits Ende des 19. Jahrhunderts entstanden in England die Zwerg-Silberlack mithilfe der Großform, Silber-Sebright und schwarzen sowie weißen Bantam. Ob diese Tiere auch die Basis der mitteleuropäischen Bestände bilden, lässt sich aus den vorhandenen Quellen nicht sicher ableiten. Möglicherweise erfolgte die Erzüchtung hier unabhängig.

Die Zwerg-Goldlack sind eine deutsche Züchtung der späten 1920er-Jahre, an der die Großrasse, Zwerg-Silberlack, Gold-Sebright und Bantam beteiligt waren. Ebenfalls in Deutschland wurden in den 1970er-Jahren die Schwarzen herausgezüchtet und mit deren Hilfe und entsprechend gefärbten Zwerg-Rheinländern in den 1990er-Jahren schließlich die Blau-Gesäumten. Etwa zeitgleich entstanden auch die Weißen.

Bezüglich Eigenschaften und Bruttrieb gilt das, was auch für die Großrasse gesagt wurde. Die Legeleistung der Silberlack liegt bei 120 bis 150 weißen, mindestens 35 g schweren Eier. Bei den Schwarzen und Goldlack sind sogar Leistungen von 150 bis 180 Eiern möglich.

Redcaps

Hauptmerkmal der englischen Redcaps- oder Rotkappenhühner ist der große, breite und gerade auslaufende Rosenkamm, der in dieser Form einzigartig in der Welt der Haushühner ist. Trotz dieses außergewöhnlichen Merkmals waren sie bis vor wenigen Jahrzehnten im übrigen Europa kaum bekannt. Leider ist diese alte englische Rasse selbst in ihrem Heimatland selten und verdient daher dringend mehr Beachtung.

Herkunft und Entstehung: Wie bereits zuvor bei den Hamburger Lackhühnern beschrieben, bilden diese zusammen mit den Altenglischen Fasanenhühnern und Redcaps eine geschlossene Verwandtschaftsgruppe innerhalb der englischen Rassen. Sie lassen sich auf die im 18. Jahrhundert gezüchteten Lancashire Mooneys (Silber-Variante) und Samthosenhühner bzw. Yorkshire Pheasants (Gold-Variante) zurückführen. Als kräftigste Abkömmlinge Letzterer präsentieren sich die Redcaps, an deren Entstehung möglicherweise zusätzlich Dorking und schwarzbrüstige Altenglische Kämpfer beteiligt waren. Ihre Ursprungsregion ist wie bei ihren Verwandten im nördlichen England lokalisiert, speziell in den Grafschaften Yorkshire und Derbyshire. Aus diesem Grund werden sie im Heimatland, wo sie spätestens

Bild 3: Hamburger Goldlack-Hahn und Henne. Die goldene Variante der Hamburger ist deutlich seltener anzutreffen als die silberne.

seit Mitte des 19. Jahrhunderts sichtbar sind, formal unter dem Namen „Derbyshire Redcaps" geführt. Im Lauf der weiteren Entwicklung kam es in geringem Umfang zur Einkreuzung schwerer asiatischer Rassen, wie ein ca. zehnprozentiger, vorwiegend chinesischer Genanteil nahelegt (WRAGG et al. 2012). Außerhalb Englands konnte die Rasse in der Vergangenheit lediglich in den USA Fuß fassen, wo sie schon 1888 in den dortigen Standard aufgenommen wurde. Nach Deutschland kamen die Redcaps 1985 über die Niederlande. Seitdem wurden sie auch in weitere europäische Länder verbreitet, sind aber überall selten geblieben.

Der übergroße Rosenkamm hat in Anlehnung an das Märchen Rotkäppchen zum Rassenamen Redcaps geführt.

Bilder 1a und 1b: Wegen ihres aufmerksamen ruhigen Wesens eignen sich Redcaps hervorragend als freilaufende Bauernhofhühner.

Bild 2: Auch die Redcap-Hennen können einen vergleichsweise großen Rosenkamm zeigen.

Bild 3: Ein junger Redcap-Hahn mit seiner Lieblingshenne.

Erscheinungsbild: Mit den Hamburger Lackhühnern teilen die Redcaps bis heute viele Merkmale, sind aber insgesamt schwerer, weniger elegant und zeigen das Merkmal des Rosenkamms in völlig anderer Ausprägung: Während der Rosenkamm bei den Hamburgern eher glatt ist und nach hinten hin dornartig spitz zuläuft, tragen die Redcaps einen übergroßen, korallenartigen und dicht mit Fleischperlen besetzten Rosenkamm.

Aus züchterischer Sicht sind den Dimensionen des gewaltigen Kamms übrigens durchaus Grenzen gesetzt, denn er sollte weder das Gesichtsfeld der Tiere einschränken noch über die Schnabelspitze hinausragen und somit womöglich die Nahrungsaufnahme behindern. Meist genügt es, wenn man das bei der Auswahl der potenziellen Zuchthähne berücksichtigt, denn bei den Hennen fällt der Kamm deutlich kleiner aus, was die Auswahl entsprechend erschwert. Die Läufe sind schieferblau, die Ohrlappen rot. Anders als bei den Hamburger Lackhühnern kennt man bei den Redcaps nur eine einzige Farbvariante, nämlich Goldrotbraun mit schwarzen Tupfen. Dabei handelt es sich um eine Halbmond-Tupfung, die jedoch nur bei der Henne vollständig ausgeprägt ist, während beim Hahn Brust und Bauch überwiegend schwarz sind.

Leistungseigenschaften: Redcaps sind ausgezeichnete Leger weißer, mindestens 55 g schwerer Eier. Die ersten nach Deutschland eingeführten Tiere legten etwa 200 Eier im Jahr, ein Wert, der auch Eingang in die Legeliste des Standards gefunden hat.

Wesenseigenschaften: Redcaps sind lebhafte, aktive Tiere und gute Futtersucher, die recht viel Auslauf benötigen. Im Vergleich zu ihren nahen Verwandten, den Hamburger Lackhühnern, sind sie jedoch etwas ruhiger. Die Hähne gelten untereinander als verträglich. Ihre Herkunft aus dem „rauen" Norden Englands zeichnet sie als wetterhart und widerstandsfähig aus.

Bruttrieb: Der Bruttrieb ist eher gering ausgeprägt, jedoch stärker entwickelt als bei den Hamburger Lackhühnern.

Empfehlungen für Zucht und Haltung: Gerade auch im Hinblick auf die geringe Populationsgröße ist ein intensiver Austausch zwischen den wenigen Zuchten notwendig, um noch mehr Inzucht zu vermeiden. Auf Einkreuzungen nicht verwandter Rassen sollte verzichtet werden. Neben den phänotypischen Besonderheiten sind die herausragenden Leistungsattribute der Redcaps wichtige Auswahlkriterien für die Zucht.

Fütterung

Um Legeleistung und Vitalität zu erhalten, empfiehlt sich die Verwendung von hochwertigem Futter; einfache Körnerfütterung reicht bei den Redcaps im Allgemeinen nicht aus.

Hauben- und Sprenkelhühner

Die nah verwandten Hauben- und Sprenkelhühner wurden seit dem späten Mittelalter aus Ost- und Südosteuropa in den mitteleuropäischen Raum eingeführt.

Genetisch sind beide Gruppen durch ein konstant auftretendes Muster gekennzeichnet, das aus einem jeweils starken west- und osteuropäischen und einem moderat vorhandenen westasiatisch-nordafrikanischen Anteil besteht. Besonders die Sprenkelrassen zeigen sich hier bei den einzelnen Werten als auch in der Neighbor-Joining-Analyse extrem homogen, was vermuten lässt, dass sie tatsächlich auf einen einzigen Ausgangsbestand, also eine einmalige Einfuhr, zurückgehen, während die Haubenhühner eine größere Varianz zeigen, was für mehrere unabhängige Importe spricht.

Nah verwandt sind auch die Zeichnungsbilder der Sprenkelung und Tupfung bzw. Halbmondsäumung. Sie beruhen auf der Kombination des Zeichnungsfaktors Pg (Pattern gene) mit dem Eumelanin-Restriktor Db (Dark brown), der in seiner Wirkung dem Columbia-Faktor ähnelt. Bei Vorhandensein der Wildfarbenallele e^b oder e^+ führen Pg und Db zur Sprenkelung mit ungezeichneten Hähnen, wie sie bei den Friesenhühnern, Ostfriesischen Möwen, Hamburger Sprenkeln und Assendelftern anzutreffen ist. Liegt hingegen die Birkenfarbe E^R als Grundlage vor, wird die Sprenkelung mit gezeichneten Hähnen wie bei den Brakel und Westfälischen Totlegern ausgebildet. Zur Verwandtschaftsgruppe der Sprenkelhühner sind vermutlich auch die niederländischen Drenther Hühner zu rechnen, die im Typ den Friesenhühnern ähneln, bei denen jedoch nur der Faktor Pg ohne Db vorliegt, wodurch sie wie die Tschechischen Hühner nicht gesprenkelt, sondern gebändert sind.

Russische Pawlowskaja-Hühner in Weiß.

Silberbrakel zählen zu den ältesten Rassen aus der Gruppe der Sprenkelhühner. Ihre hennenfiedrige Variante wird auch als „Campiner" bezeichnet.

Auch die für Haubenhühner typische Tupfung bzw. Halbmondsäumung basiert auf der Kombination der Allele Pg und Db. Hier kommt jedoch als weiteres Allel noch der Eumelanin-Verstärker Ml (Melanitic) hinzu: Pg Db Ml. Grundlage kann wie bei der Sprenkelung sowohl die Wildfarbe als auch die Birkenfarbe sein. Das Muster Pg Db Ml gilt für alle Formen der Tupfung und Halbmondsäumung. Die Unterschiede in der jeweiligen Ausprägung beruhen lediglich auf der Wirkung verschiedener Modifikatorgene, die Form und Größe der Tupfen beeinflussen.

Haubenhühner

Auch die russischen Pawlowskaja-Hühner zeigen die für Haubenhühner typischen, aufgeworfenen Nasenlöcher. Hier ein Hahn in Silber-Schwarz.

Auch wenn Knochenfunde und Darstellungen von Haubenhühnern bereits aus dem Römischen Reich stammen, scheint eine dauerhafte Ausbreitung dieser Haushuhnform nach Westeuropa wohl nicht vor dem späten Mittelalter stattgefunden zu haben, wie erste Schädelfunde aus Braunschweig aus der Zeit um 1300 belegen (BENNECKE 1994).

Verstärkt gelangten Haubenhühner dann ab dem 15. und 16. Jahrhundert aus Russland und Polen in die Niederlande und nach Norditalien (FISCHER 1982). Als Ursprungsgebiet wird der südrussische Raum vermutet (OEHLER 1982), von wo aus sich das primäre Verbreitungsgebiet bis nach Zentralasien und Nordpersien erstreckte. Darauf deutet auch die Beschreibung Aldrovandis hin, der die Haubenhühner um 1600 in „Ornithologica" als „medische Hühner" bezeichnet, was auf das Gebiet um die Stadt Buchara im südlichen Zentralasien hinweist. Von hier aus erfolgte sicher schon sehr früh die Einfuhr nach Kleinasien, wo sie u. a. in Form der Sultanhühner sichtbar werden und über die Handelsmetropole Istanbul, das frühere Konstantinopel, ein weiterer Weg nach Europa offen stand.

Als Stammform bzw. ursprünglichste Variante gelten die russischen Pavlova oder Pawlowskaja. Sie tragen eine Haube, deren Form und Größe zwischen der Rund- und Spitzhaube variiert, dazu einen Bart und einen Hörnerkamm. Weiterhin haben sie befiederte Läufe, Geierfersen und kleine bläulich weiße Ohrscheiben. Als Farbvarianten kommen Gold- und Silber-Schwarzgetupft sowie Weiß vor.

Vieles spricht dafür, dass die Befiederung von Kopf, Gesicht und Läufen als Anpassung an besonders kalte Klimabedingungen zu interpretieren ist, immerhin stammen die Haubenhühner aus Gebieten mit kalten Wintern.

Typische Merkmale der Haubenhühner sind:

- Haubenbildung
- Protuberanz: eine Aufwölbung des Schädels, die dafür sorgt, dass die Haube hoch angesetzt ist und die Augen möglichst wenig verdeckt.
- Aufgeworfene Nasenlöcher
- Nasensattel: eine hufeneisenförmige Struktur am Ansatz der Oberschnabels, an der sich manchmal eine Fleischwarze befindet.

Alle diese Merkmale sind bei den einzelnen Rassen mehr oder weniger stark ausgeprägt.

Die Haubenbildung wird durch den dominanten Faktor Cr (Crested) hervorgerufen, wobei spalterbige Tiere kleinere Hauben haben, die Dominanz also nicht vollständig ist. Die Protuberanz beruht vermutlich auf einem anderen Faktor, der mit dem Genort für die Haubenbildung gekoppelt ist.

Bild 1: Hier sind gold-schwarzgesäumte und silber-schwarzgesäumte Paduaner zu sehen, zwei klassische Farbgebungen der Rasse.

Paduaner

Die Paduaner stehen in ihrem Erscheinungsbild der Urform der Haubenhühner, von den glatten Läufen einmal abgesehen, noch relativ nahe. Das betrifft nicht zuletzt auch die Farbe und Zeichnung der „klassischen" Varianten Silber-Schwarzgesäumt, Gold-Schwarzgesäumt und Chamois-Weißgesäumt. Darüber hinaus verhalfen sie nicht nur zahlreichen anderen Haubenhühnern, sondern auch Rassen wie den Wyandotten oder Sebright zu ihrer Entstehung, was ihren Status als eine der weltweit einflussreichsten Hühnerrassen noch einmal anschaulich untermauert.

Herkunft und Entstehung: Die Vorfahren der vor mindestens 500 Jahren aus Osteuropa nach Italien eingeführten Haubenhühner wurden in Norditalien als Paduaner oder Polverara – eine kleine Gemeinde südöstlich von Padua – bezeichnet. Unklar bleibt jedoch, ob dieser Import nun über den See- oder den Landweg oder sogar bilateral erfolgte. Erschwert wird die detaillierte Herkunftsanalyse der heute als Paduaner geführten Rasse nämlich durch den Umstand, dass die verschiedenen Haubenhuhnvarianten in der Vergangenheit nicht getrennt wurden und eine endgültige Differenzierung in die heutigen Zuchtformen erst anlässlich des 1. Deutschen Geflügelzüchtertages 1869 in Dresden stattfand.

> In England und den USA werden Paduaner und Holländische Weißhauben noch heute als „Polands" oder „Polish" zusammengefasst, wobei die Paduaner als „Bearded Polish" und die Weißhauben als „Whitecrested Polish" bezeichnet werden.

Genetisch unterscheiden sich die Paduaner praktisch nicht von den übrigen Haubenhuhnrassen. Sie sind gekennzeichnet durch einen jeweils stark ausgeprägten westeuropäischen (knapp 50 %) und osteuropäischen (gut 35 %) sowie einen moderat vertretenen westasiatisch-nordafrikanischen Anteil (knapp 10 %). Mit ca. 5 % tragen sie von allen Haubenhühnern die höchste Frequenz des Sebright-Clusters, was ihren Beitrag zur Entstehung der Sebright dokumentiert.

2

4

3

5

6

Bild 2: Paduaner-Hahn im Farbschlag Schwarz.

Bild 3: Ein Paduaner-Hahn im Farbschlag Tollbunt.

Bild 4: Paduaner-Hahn im Farbschlag Weiß.

Bild 5: Dieser Zwerg-Paduaner-Hahn des Farbschlages Chamois besitzt unübersehbar auch die Genetik für ein gestrupptes Federkleid.

Bild 6: Paduaner-Hahn im Farbschlag Blau.

Bild 7: Bei tollbunten Paduanern erhöht sich der Weißanteil mit jeder Mauser. Diese beiden Hennen sind schon im dritten Lebensjahr.

Ihre nächsten Verwandten sind nach der Neighbor-Joining-Analyse erwartungsgemäß die Holländischen Haubenhühner.

Erscheinungsbild: Als Vollhaubenhühner haben Paduaner außerordentlich üppig entwickelte Federhauben. Ein Spezialmerkmal ist weiterhin der Bart, denn wo bei anderen Hühnern die Kehllappen sind, haben sie einen ausgeprägten Federbart, der die ohnehin kaum entwickelten Kehllappen und sehr kleinen Ohrscheiben überdeckt. Der Kamm ist kaum erkennbar, doch dürfte es sich genetisch um einen extrem reduzierten Hörnerkamm handeln. Die Läufe sind unbefiedert und variieren je nach Farbvariante von fleisch- bis schieferfarbig. Gezüchtet werden Paduaner in neun Farbenschlägen.

- Die Zeichnung der gesäumten Varianten Silber-Schwarzgesäumt, Gold-Schwarzgesäumt und Chamois-Weißgesäumt ähnelt zwar jener der Wyandotten, setzt sich genetisch aber etwas anders zusammen und entspricht in dieser Hinsicht der Zeichnung der Sebright. Denn während die Säumung der Wyandotten durch die Kombination der Doppelsäumung e^b Pg Ml mit dem Columbia-Faktor Co entsteht (e^b Pg Ml Co), beruht die Säumung der Paduaner auf der Tupfung bzw. Halbmondtupfung E^R Pg Db Ml und dem zusätzlichen Wirken des Columbia-Faktors (E^R Pg Db Ml Co).
- Weitere Farbvarianten sind Schwarz, Weiß, Blau-Gesäumt, Gesperbert, Perlgrau und Tollbunt. Letzteres entspricht genetisch der Porzellanfarbe, die aus der Kombination der Columbia-Zeichnung (e^b Co bzw. e^+ Co) mit dem Mottled-Faktor (mo) entsteht, doch befinden sich in der Population wohl auch Tiere, die zusätzlich den Zeichnungsfaktor Pg besitzen, wodurch die Tupfen mehr halbmondförmig erscheinen.

Leistungseigenschaften: Die Hennen legen jährlich 130 bis 140 weiße, mindestens 48 g schwere Eier. Doch gibt es zunehmend auch leistungsorientierte Zuchtlinien, die über 150 Eier mit einem Gewicht von 50 bis 55 g hervorbringen.

Wesenseigenschaften: So wie viele Haubenhühner haben auch Paduaner einen stark menschenbezogenen Charakter. Insbesondere dann, wenn man sich die Tiere schon im halbwüchsigen Alter zulegt und sich viel mit ihnen beschäftigt, werden sie deutlich zahmer als fast alle anderen Hühnerrassen. Das geht sogar so weit, dass sie auf den Tisch springen, um beim Nachmittagskaffee im Garten mitzunaschen, oder sich auf der Schulter ihres Besitzers bequem durch den ganzen Garten tragen lassen.

Bruttrieb: Der Bruttrieb ist nur sehr gering ausgeprägt. Paduaner-Hennen brüten nur selten.

Empfehlungen für Zucht und Haltung: Paduaner zählen zu den Rassen, die nicht für jede Haltungsform geeignet sind. In einer verriegelten Voliere oder Zuchtanlage, wo sie beispielsweise zu Ausstellungszwecken gezüchtet werden, sind sie sicherlich am besten aufgehoben. Einen geeigneten Lebensraum kann aber auch ein geschützter Privatgarten bieten, wo man sie wie Heimtiere verhätscheln kann. Ein vermeintlich idyllischer Öko-Bauernhof, wo die Hühner sich den ganzen Tag über frei bewegen können, ist dagegen fast schon ein Albtraum für die liebenswürdigen Gartenhühner. Durch die Haube, die ihnen weltweit eine große „Fanbase" beschert hat, wird das Sichtfeld der Tiere nach oben hin eingeschränkt. Greifvögel und andere Hühnerfeinde haben darum leichtes Spiel und sorgen dann dafür, dass aus den Paduanern nie „glückliche Bilderbuch-Bauernhofhühner" werden, obwohl die Rasse schon seit vielen Jahrhunderten in Europa bekannt ist.

Zwergform: Mit der Herauszüchtung der Zwerg-Paduaner beschäftigten sich in der zweiten Hälfte des 19. Jahrhunderts etwa zeitgleich Züchter in England und den USA, u. a. der für zahlreiche Verzwergungen bekannte englische Fachbuchautor William Flamank Entwisle. Sie gehören damit zu den ältesten Zwerghühnern, über deren Ausgangsrassen, abgesehen von der Großform, wenig bekannt ist. Vermutlich hatten die Sebright aber zumindest bei den gesäumten Varianten einen hierbei beträchtlichen Anteil.

Farbvarianten in Mitteleuropa:

- Silber-Schwarz- und Gold-Schwarzgesäumt
- Chamois-Weißgesäumt
- Schwarz und Weiß
- Blau-Gesäumt, Gesperbert und Wildbraun

Alle Farbenschläge sind zudem auch mit gestrupptem Gefieder anerkannt. Auch Zwerg-Paduaner-Hennen brüten eher selten; ihre Legeleistung liegt bei jährlich 90 bis 140 weißen, mindestens 30 g schweren Eiern, wobei besonders die Schwarzen als gute Leger hervortreten. Auch Zwerg-Paduaner sind sehr ruhig.

Bild 1: Im Farbschlag Chamois hat der Brabanter-Hahn eine deutlich intensiver rote Grundfärbung im Vergleich zu seinen Hennen. Fotos © Giovanni Ungarelli

Brabanter

Mit ihrer speziell geformten „Rasierpinsel"-Haube bereichern die altehrwürdigen Brabanter die Welt des Rassegeflügels um einen Haubenhuhntypus, der so schon auf niederländischen, belgischen und deutschen Gemälden aus dem 17. Jahrhundert regelmäßig vertreten war. Außerhalb Belgiens und den Niederlanden werden Brabanter jedoch nur von einem überschaubaren Kreis von Liebhabern gezüchtet.

Herkunft und Entstehung: Wie alle Haubenhühner gehen auch die Brabanter auf osteuropäische Ursprungspopulationen zurück, die im Zuge von Handelsbeziehungen den Weg nach Mittel- und Westeuropa fanden. In ihrem Fall ist es zweifelsohne niederländischen Seefahrern zu verdanken, dass die Vorfahren der Brabanter schon vor 400 Jahren in den Niederlanden sichtbar werden. So zeigt ein Gemälde des Malers Melchior d Hondecoeter aus dem Jahr 1668 bereits Hühner mit der typischen Spitzhaube und Anklängen der Halbmondsäumung, die auch in der Körperform den heutigen Brabantern entsprechen.

Mit über 45 % weisen die Brabanter einen höheren osteuropäischen Anteil auf als die Paduaner oder die Holländischen Haubenhühner, was darauf hindeutet, dass es sich bei ihnen um eine sehr ursprüngliche Haubenhuhnvariante handelt. Vermutlich wurden sie direkt aus ihrem Ursprungsgebiet nach Westeuropa eingeführt und nur wenig durch andere Rassen beeinflusst.

Damit dürfte auch die gelegentlich geäußerte Annahme widerlegt sein, nach der die Brabanter in den Niederlanden zu Beginn des 20. Jahrhunderts nahezu ausgestorben waren und mithilfe anderer Haubenhühner wieder „rekonstruiert" wurden. Vielmehr ist es wohl so, dass es im Heimatland tatsächlich zu einem Populationseinbruch kam, den man aber durch Deutschlandimporte wieder ausgleichen konnte (WANDELT & WOLTERS 1996).

Bild 2: Wegen ihrer spitz bis rasierpinselartig nach oben ragenden Federhauben bezeichnet man die Brabanter zuweilen auch als Helmhaubenhühner.

Die nächsten Verwandten der Brabanter sind die Eulenbarthühner, bei denen die Spitzhaube zu einem kleinen Schopf reduziert ist und mit denen ein regelmäßiger Genaustausch besteht. In der Neighbor-joining-Analyse bilden die beiden Rassen die Schwestergruppe der Paduaner und Holländischen Haubenhühner.

Erscheinungsbild:

Auffälligste Merkmale der Brabanter:

- charakteristische Sitzhaube, auch als Helm- oder Pinselhaube bekannt
- dreigeteilter Bart
- v-förmiger Hörnerkamm
- aufgeworfene Nasenlöcher
- hufeisenförmiger Nasensattel

Brabanter verkörpern eine leichte, feingliedrige, etwas aufgerichtete Körperform mit voller, langer Befiederung, kleinen, weißen, verdeckten Ohrscheiben und je nach Farbenschlag dunkelblaugrauen bis fleischfarbigen Läufen.

Sie werden in den Farbenschlägen Silber, Gold, Chamois, Blaugold, Schwarz, Weiß, Gesperbert, Perlgrau und Blau-Gesäumt gezüchtet.

Die halbmondgetupften Varianten Silber, Gold, Chamois und Blaugold beruhen auf der für die Tupfung typischen Allelkombination Pg Db Ml. Chamoisgetupfte sind prinzipiell Goldene, bei denen noch der Faktor I (dominantes Weiß) hinzukommt, der alle ansonsten schwarzen Federteile entfärbt (Pg Db Ml I s^+). Bei den Blaugoldenen ist es der Farbverdünner Bl, der im spalterbigen Zustand Bl bl^+ die Blaufärbung der ansonsten schwarzen Federteile hervorruft. Perlgrau beruht auf dem rezessiven Farbverdünner Lav (Lavender), der sowohl schwarzes als auch braunes Pigment verdünnt und auf Basis von Schwarz (E) das aparte Perlgrau entstehen lässt.

Leistungseigenschaften: Die Hennen legen 140 bis 170 weiße, mindestens 55 g schwere Eier und halten diese Leistung relativ konstant mindestens drei, teils sogar fünf Jahre.

Bild 3: Ein prächtiger Zuchtstamm von Brabantern im Farbschlag Chamois, der in der italienischen Region Emillia-Romagna zuhause ist. Foto © Giovanni Ungarelli

Wesenseigenschaften: Brabanter sind zwar lebhaft und auch flugfähig, aber alles andere als scheu. Beschäftigen sich Kinder mit den Tieren vom Kükenalter an, werden sie wie alle Haubenhühner unfassbar zahm und suchen sogar den Menschenkontakt.

Bruttrieb: Der Bruttrieb ist bei den Brabantern eher gering ausgeprägt.

Empfehlungen für Zucht und Haltung: Brabanter sind für überschaubare Platzverhältnisse in Zuchtanalgen ebenso geeignet wie für die Freilandhaltung „anno dazumal". Früher wurden Hühner fast immer frei laufend gehalten; Tiere mit zu großen Hauben hätten bei dieser Haltungsform starke Nachteile gehabt. Die „Rasierpinsel"-Haube der Brabanter schränkt das Sichtfeld allerdings nicht stärker ein, als es etwa ein großer Schlotterkamm tun würde. Daher können diese Hühner gut sehen und haben in der Freilandhaltung keine Nachteile. Nicht zuletzt deshalb sind sie auch als Familien- und Gartenhuhn für nachhaltig denkende Hobbyhalter eine Empfehlung wert.

Der Genaustausch mit den Eulenbarthühnern ist zweifellos der beste Weg zur Minimierung von Inzucht, da beide Rassen sich in ihrer genetischen Zusammensetzung praktisch nicht unterscheiden. Wichtige Rassemerkmale, wie die Beschaffenheit des dreigeteilten Bartes oder die Ausprägung der Tupfung, die bei den Eulenbarthühnern runder ist als bei den Brabantern, sollten aber unbedingt erhalten bleiben.

Für die Zukunft wäre wünschenswert, dass sich wieder mehr Züchterinnen und Züchter den Brabantern widmen. Bei der umfangreichen Farbenschlagpalette ist sicher für jeden etwas dabei.

Zwergform: Zwerg-Brabanter wurden in den 1950er-Jahren in den Niederlanden erzüchtet. Welche Rassen neben den Großen dabei Pate standen, ist nicht mehr eindeutig rekonstruierbar. Da es zu jener Zeit aber bereits Zwerg-Eulenbarthühner gab, ist nicht unwahrscheinlich, dass diese die zweite maßgebliche Komponente bildeten.

Abgesehen von Blaugold werden sie in denselben Farbvarianten wie die Großrasse gezüchtet, der sie ansonsten in allen wesentlichen Attributen entsprechen.

Die Legeleistung ist im Bereich von ca. 100 weißen Eiern mit einem Gewicht von mindestens 35 g einzuordnen.

Houdan

Frankreich zählt zu den wenigen europäischen Ländern, die sich bis heute eine große Vielfalt an bodenständigen Nutztierrassen bewahren konnten. Das gilt ebenso für das Hausgeflügel, wenn auch nicht unterschlagen werden soll, dass ein Teil dieser Rassen das Resultat sogenannter „Rückzüchtungen" sind. Sie konnten nämlich erst in den letzten Jahrzehnten mithilfe ähnlicher bzw. verwandter Rassen wieder „rekonstruiert" werden, nachdem die Originale bereits lange zuvor ausgestorben waren.

Eine Ursache dieser Vielfalt ist sicherlich auch, dass bei zahlreichen Züchtungen immer noch der Nutzeffekt eine entscheidende Rolle spielt, sei es nun als Fleischhuhn, Legehuhn oder im besten Fall beides. Man denke hier nur an die wegen ihres Fleisches weltweit geschätzten weißen Bresse oder die für ihre dunkelbraunen Eier allseits berühmten Marans. Dieser stets stark mitschwingende Nutzgedanke hat sicher dazu beigetragen, dass viele der französischen Traditionsrassen den Zweinutzungsrassen im sogenannten halbasiatischen Typ zuzuordnen sind, die in der zweiten Hälfte des 19. Jahrhunderts aus bodenständigen Lokalschlägen und den neu eingeführten schweren asiatischen Rassen entstanden sind. Unabhängig davon haben sich aber auch einige Zuchtformen erhalten, die ausschließlich auf europäische Landhühner zurückgehen, wie die Elsässer, die Gaulloises Dorée oder die Houdan.

Bild 2: Vierjähriges Zuchtpaar schwarz-weißgescheckter Zwerg-Houdan. Foto © Armin Six

Bild 1: Weiß und Schwarz-Weißgescheckt, die beiden häufigsten Farbschläge der Houdan, sind in dieser Zuchtgruppe zu sehen. Foto © Dennis Hase

Bild 3: Hahn und Henne des seltenen gesperberteren Farbschlags. Fotos © Ralf Thekook

Die Houdan repräsentieren zusammen mit ihren nahen Verwandten, den Crève-Cœur, die französische Variante der Haubenhuhnfamilie. Im Vergleich mit ihren italienischen und niederländischen Vettern sind sie jedoch deutlich größer und voluminöser, sprich nutzbringender. Nicht zuletzt aufgrund ihres aparten Erscheinungsbildes sollen sie hier als eines der besonders gut gelungenen Aushängeschilder französischer Hühnerzucht im Fokus stehen.

Herkunft und Entstehung: Die Vorfahren der Houdan sind zweifellos Haubenhühner vom Typ der Paduaner, die vermehrt seit dem 15. Jahrhundert, von Osteuropa kommend, auf dem See- und Landweg über ganz Westeuropa verbreitet wurden. In Frankreich waren diese Hühner besonders wegen ihres schmackhaften Fleisches geschätzt, weshalb man sie zur Steigerung von Größe und Umfang bevorzugt mit Dorking kreuzte. Die Resultate dieser Kombination sind die in der Normandie entstandenen Crève-Cœur und die auf dieselbe Basis zurückgehenden Houdan aus dem gleichnamigen Dorf westlich von Paris. Im Gegensatz zu den Crève-Cœur tragen Houdan einen Schmetterlingskamm und haben fünf Zehen, ein erkennbares Zeichen des Dorking-Inputs.

Als um etwa 1850 englische Ausstellungszüchter auf die Rasse aufmerksam wurden, kam es zur Einkreuzung von schwarzen Crève-Cœur und Holländischen Weißhauben, um Typ und Haubenfülle zu stabilisieren. In den 1870er-Jahren erfolgte dann schließlich die Ersteinfuhr nach Deutschland.

Genetisch ordnen sich die Houdan klar in die Gruppe der Haubenhühner ein, spalten jedoch in der Neighbor-joining-Analyse als Erste aus dieser heraus, was gut mit dem nachweislichen Dorking-Einfluss zu erklären ist. In der Admixture-Analyse entsprechen sie mit einem jeweils starken west- und osteuropäischen sowie einem moderaten westasiatisch-nordafrikanischen Anteil sowohl ihren Vorfahren aus der Haubenhuhn-Familie als auch ihren ähnlich zusammengesetzten englischen Ahnen.

Bemerkenswerterweise unterscheiden sich die französischen und deutschen Populationen genetisch praktisch nicht, was für eine hohe Konstanz und Kontinuität in der Entwicklungsgeschichte der Rasse spricht; Erstere sind mit Werten von 0,220 und 0,664 für Heterozygotie und Polymorphie lediglich etwas variabler als ihre deutschen Verwandten (0,181 und 0,517).

Erscheinungsbild: Hauptcharakteristikum und Blickfang der Houdan ist die volle Kugelhaube mit dem in dieser Form einmaligen Schmetter-

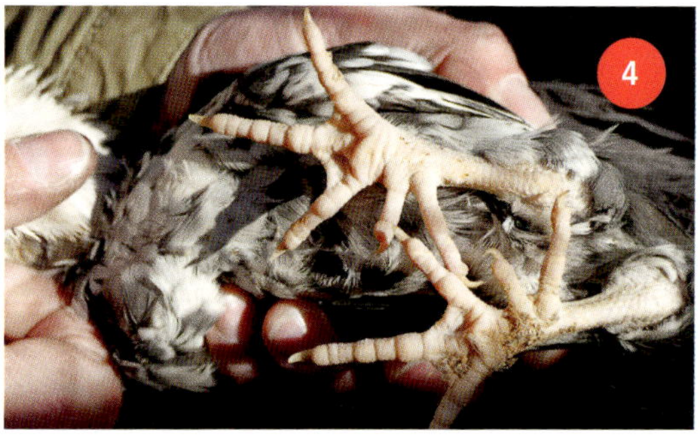

Bild 4: An diesen Houdan-Füßen ist das Spezialmerkmal der Fünfzehigkeit in guter Ausführung mit schöner Trennung der beiden hinteren Zehen zu sehen.

lingskamm, der genetisch wohl dem Kronenkamm der Sizilianischen Kronenkämme und Dandarawi entspricht und wie dieser auf der Kopplung von Doppelkammanlage und Einfachkamm beruht (Beschreibung siehe Augsburger, Seite 80). Er besteht aus zwei nebeneinanderliegenden gezackten Blättern, die in ihrer Form stark an ein Elchgeweih erinnern, das zusammen mit dem vollen, schleierförmig herabhängenden Bart den Kopf vervollständigt. Der rechteckige Körper ist kräftig, breit und tief, die Befiederung gut mittellang und voll, die fünfzehigen Läufe fleischfarbig bis grau mit dunklen Flecken.

Ursprünglichster Farbenschlag ist der Schwarz-Weißgescheckte, bei dem jede Feder auf farbigem Grund mehr oder weniger große weiße Flecken zeigt. Dieses Zeichnungsbild wird hervorgerufen durch den rezessiven Faktor Mottled (mo), der auf Basis von Schwarz (E) die charakteristische Schwarz-Weißscheckung erzeugt sowie in Kombination mit der Wildfarbe (e^b bzw. e^+) und dem Columbia-Faktor (Co) die Grundlage für die porzellanfarbigen, rotbunten und tollbunten Zeichnungen bildet.

Der Faktor Motteld tritt besonders bei Haubenhühnern in Erscheinung, wie z. B. den Sandschak-Krähern oder den tollbunten Paduanern (siehe Seite 45) sowie den Urzwergen aus dem Verwandtschaftskreis der Federfüßigen Zwerghühner, die ebenfalls einen hohen osteuropäischen Anteil haben. Er ist daher vermutlich innerhalb der osteuropäischen Verwandtschaftsgruppe entstanden und wurde von dort auf weitere Rassen übertragen.

Seltene Farbenschläge

Perlgraue und gesperberte Houdan entstanden in den 1970er-Jahren mithilfe von Crève-Cœur, Weiße etwa zeitgleich unter dem Einfluss entsprechend gefärbter Lachshühner. Leider sind alle diese Farbenschläge bis heute extrem selten. Erfreulicherweise konnten wir bei den Gesperberten in Deutschland jüngst einen Aufschwung der Beliebtheit feststellen, sodass es uns unerwartet möglich ist, diesen Farbschlag in der Bebilderung zu zeigen.

Bild 5: Dieses 6 Wochen alte Zwerg-Houdan-Küken zeigt bereits eine gute Haubenbildung.

Leistungseigenschaften: Mit einer Leistung von 160 bis 170 weißen, mindestens 53 g schweren Eiern gehören die Houdan zu den sehr guten Legehühnern.

Wesenseigenschaften: Houdan sind ausgesprochen ruhige und zutrauliche Tiere, die bei entsprechender Zuwendung handzahm werden. Erst einmal an den Umgang mit Menschen gewöhnt, können sie problemlos im Auslauf angesprochen und gefangen werden. Aktivität und Platzbedarf sind geringer als bei den typischen Landhuhnrassen, wodurch sie auch für die Volierenhaltung gut geeignet sind. Sie sind also wie ihre Zwergform, auf die alle genannten Wesenseigenschaften in gleicher Weise zutreffen, ideale Gartenhühner.

Bruttrieb: Der Bruttrieb ist bei den Houdan zwar vorhanden, tritt in den einzelnen Zuchten aber mit unterschiedlicher Frequenz auf.

Empfehlungen für Zucht und Haltung: Houdan stellen aufgrund ihrer Wesenseigenschaften keine besonderen Ansprüche an die Haltung. Der Auslauf sollte jedoch trocken und frei von Schlamm sein, da sonst Hauben und Bärte leicht verschmutzen. Auch empfiehlt sich zum Schutz vor Greifvögeln ein Netz über den Ausläufen.

Wie bei allen alten und weitgehend unverfälschten Rassen sollte auf Einkreuzungen nach Möglichkeit komplett verzichtet werden. Sollten diese aufgrund der geringen Zuchtbasis tatsächlich einmal notwendig werden, kommen hierfür nur die Ursprungs- und Schwesterrassen, also Paduaner, Creve-Cœur und Dorking, oder andere verwandte Haubenhuhnrassen infrage.

Zwergform: Während in England Zwerg-Houdan aus der Großrasse, Zwerg-Ancona und braun-porzellanfarbigen Zwerg-Sussex erzüchtet wurden, gehen die deutschen Bestände auf die in den 1950er-Jahren vorgenommene Kombination der Großrasse mit schwarzen Zwerg-Paduanern zurück. Zu den Schwarz-Weißgescheckten kamen später noch die Weißen hinzu.

Abgesehen von der Größe entspricht die Zwergform in allen Attributen der Großrasse. Ältere Hennen tun sich aber oft schwer, neue Stallgenossinnen oder Zuchthähne, speziell Junghähne, zu akzeptieren.

Auch Zwerg-Houdan sind sehr gute Legehühner: So können die Schwarz-Weißgescheckten mit Leistungen von 130 bis 150 weißen, mindestens 35 g schweren Eiern aufwarten, während das Zuchtbuch des BDRG für die Weißen sehr konstant 130 Eier auflistet. Der Bruttrieb ist gering ausgeprägt.

La Flèche

Bei den La Flèche handelt es sich ohne Zweifel um alten Hühneradel. Benannt nach ihrem französischen Herkunftsort La Flèche im Department Sarthe, wurde die elegante Rasse weltweit zum

Bild 1: Ein klassischer, schwarzer Zuchtstamm der französischen La Flèche-Hühner.

Synonym für den gut entwickelten, senkrecht aufgerichteten Hörnerkamm, der ihr auch den scherzhaften Beinamen „Wiesenteufel" eingebracht hat.

Wie bekannt La Flèche noch vor dem Zweiten Weltkrieg waren, wird ersichtlich, wenn man sich alte Geflügelbücher und Tafeln zum Thema Hühnerrassen ansieht, auf denen sie zuverlässig vertreten sind. Heute zählen sie bestenfalls zu den Geheimtipps, dabei sind sie nach wie vor eine sowohl wirtschaftlich als auch optisch hochinteressante Rasse.

Herkunft und Entstehung: Auch wenn sich die Entstehungsgeschichte der La Flèche nicht mehr genau rekonstruieren lässt, gilt doch als sicher, dass sie aus Haubenhühnern und bodenständigen Landschlägen hervorgegangen sind. Denn obwohl bei ihnen wie bei den Eulenbarthühnern und Breda die Haube zu einem kleinen unscheinbaren Schopf reduziert ist, bezeugen die Kammform, die aufgeworfenen Nasenlöcher und der hufeisenförmige Nasensattel eindeutig die Zugehörigkeit zur Haubenhuhnfamilie.

Welche Ausgangsrassen konkret an der Entstehung beteiligt waren, bleibt unklar. Den Haubenhuhnanteil haben höchstwahrscheinlich die Crève-Cœur beigesteuert, was nicht zuletzt die geografische Nähe des Department Sarthe zur Normandie vermuten lässt. Und auch für den Landhuhnpart gibt es mit den aus derselben Region stammenden und zuweilen als „rosenkämmige La Flèche" bezeichneten Le Mans einen aussichtsreichen Kandidaten.

Bild 2: In der Zuchtgruppe sieht man, dass die Farbgebung des Hahns bei den gesperberten La Flèche deutlich heller ist als bei den Hennen. Foto © Stephanie Neuber

Bild 3: Gesperberte La Flèche sind deutlich seltener anzutreffen als schwarze. Foto © Stephanie Neuber

Bild 4 a und 4b: La Flèche-Küken vom schwarzen Farbschlag zeigen anfangs noch einen Weißanteil im Brust- und Bauchbereich. Schon die Küken der La Flèche zeigen die rassetypischen, aufgeworfenen Nasenlöcher.

Neben diesen beiden Hauptkomponenten werden immer wieder auch Dorking und Nordfranzösische Kämpfer als weitere mögliche Ahnen genannt, die vorwiegend zur Steigerung des Körpergewichts der primär als Tafelhuhn gezüchteten Rasse gedient haben sollen.

Unklar ist auch der Zeitraum des Entstehungsprozesses, der von manchen Autoren bereits ins 15. Jahrhundert zurückdatiert wird (WANDELT & WOLTERS 1996), spätestens jedoch in der ersten Hälfte des 19. Jahrhunderts zum Abschluss gekommen sein muss, wie die Existenz einer Rassebeschreibung aus dem Jahr 1846 belegt. Der erste sichere Nachweis für La Flèche im deutschsprachigen Raum stammt aus der Zeit um 1850.

Da nur ein einziger deutscher Bestand den Zweiten Weltkrieg überlebt hat, wurden hier zum Neuaufbau hörnerkämmige Tiere aus der Zucht der Augsburger, also ihrer partiellen Nachfahren, hinzugenommen.

Erscheinungsbild: La Flèche zeigen einen leicht gestreckten und hochgestellten Körperbau, einen breiten, leicht abfallenden Rücken und eine volle, lange Befiederung. Die Läufe sind je nach Farbenschlag dunkel schieferfarbig bis fleischfarbig. Sehr auffällig ist aber der Kopf mit seiner rassetypischen Kammform:

- Zwei walzenförmige Hörner, die an den Spitzen abgerundet sind und möglichst senkrecht stehen sollen, verleihen den La Flèche ein fast schon teuflisches Aussehen.
- Hinter den Hörnern befindet sich ein kleiner Federschopf, der in der Regel nur aus wenigen schmalen Federn besteht.
- Für einen attraktiven Kontrast im Gesicht sorgen weiterhin die weißen Ohrscheiben und die rotgelben Augen.

Gezüchtet werden La Flèche am häufigsten in Schwarz, doch sind auch die Farbenschläge Weiß, Gesperbert, Blau-Gesäumt und Perlgrau anerkannt.

Leistungseigenschaften: Zu Beginn ihrer Geschichte waren La Flèche vorwiegend Tafelhühner, die für ihr ausgezeichnetes weißes Fleisch geschätzt wurden. Später wurde auch die Legeleistung verbessert, sodass sie heute als sehr gute Legehühner gelten, die mit Leistungen von bis zu 180 weißen, oft leicht rosafarbenen Eiern mit einem Gewicht von 60 bis 70 g aufwarten können.

Wesenseigenschaften: La Flèche sind aktive Hühner mit einem ausgeprägten Bewegungsdrang. Als solche sind sie gute Futtersucher, vorsichtig und etwas zurückhaltend, besonders wenn man sich in der Aufzucht nicht intensiv mit ihnen beschäftigt. Sie sind nicht aggressiv, werden aber nicht so zahm wie andere Haubenhühner. Trotz ihrer Größe sind sie recht gute Flieger.

Bruttrieb: La Flèche-Hennen brüten eher selten, sind dann aber sehr gute Glucken.

Empfehlungen für Zucht und Haltung: Aufgrund ihrer Aktivität sind La Flèche besonders für die Freilandhaltung in großen Ausläufen geeignet. Wegen ihrer Flugfähigkeit sollten dabei die Umzäunungen entsprechend hoch sein.

Was die Zuchtschwerpunkte angeht, so sind vor allem die auffälligen Kopfpunkte zu berücksichtigen sowie Größe und kräftiger Körperbau der Tiere. Die vom Ursprungsland genannten Gewichtsangaben von 3,5 bis 4 kg für den Hahn und 3 bis 3,5 kg für die Henne wurden bisher von den mitteleuropäischen Beständen noch nicht erreicht.

Besonders erhaltenswert sind zudem die guten Wirtschaftseigenschaften.

Zwergform: Zwerg-La Flèche wurden in den 1950er-Jahren aus der Großrasse, schwarzen Zwerg-Rheinländern und Deutschen Zwerghühnern erzüchtet und kommen in den Farbvarianten Schwarz, Weiß, Blau-Gesäumt und Gesperbert vor.

Sie legen zwischen 100 und 120 weiße, mindestens 35 g schwere Eier, die wie bei der Großrasse oft einen rosa Schimmer haben.

Züchter der Zwerg La Fleche beklagen oft, dass die Zwergvariante im Vergleich zur Großrasse schreckhaft und nervös ist. Hier könnte man künftig verstärkt auf ruhigere Zuchttiere achten.

Die Ostfriesichen Möwen gelten als traditionelle, norddeutsche Bauernhofhühner.

Sprenkelhühner

Erste Hinweise auf Sprenkelhühner in Europa stammen aus der frühen Neuzeit. Nach Aldrovandi gehen sie auf Bestände zurück, die vor 1600 aus Istanbul in die Niederlande eingeführt und als „Türkische Hühner" bezeichnet wurden. Solche Tiere mit der charakteristischen Sprenkelzeichnung konnten bis in die jüngste Zeit in der Westtürkei nahe Izmir nachgewiesen werden (SIX 2005).

Die nahe Verwandtschaft zu den Haubenhühnern spricht dafür, dass auch die Sprenkelhühner in Osteuropa entstanden sind. Das legen nicht zuletzt Hinweise Dürigens nahe, der 1885 die Böhmischen Mohnsperber, Verwandte des heutigen Tschechischen Huhns, als den Sprenkelhühnern ähnlich und nächstverwandt beschreibt.

In Deutschland und den Niederlanden wurden die in Bezug auf Kammform und Sprenkelung zunächst noch heterogenen Bestände als „Tot-" bzw. „Alltagsleger", „Campiner" oder „Möwen" bezeichnet (DÜRIGEN 1885), bevor dann in der Wende vom 19. zum Anfang des 20. Jahrhunderts die Differenzierung in die heutigen Rassen erfolgte.

Ostfriesische Möwen

Zusammen mit den Friesenhühnern repräsentieren die in den Niederlanden als Groninger Möwen bekannten Ostfriesischen Möwen den nördlichen Verbreitungszweig der europäischen Sprenkelhühner. Wie auch bei den Friesenhühnern sind nur die Hennen der Ostfriesischen Möwen gezeichnet (siehe Einleitung Hauben- und Sprenkelhühner,

Bild 1: Die silber-schwarzgeflockten Ostfriesischen Möwen werden oft auch kurz Silbermöwen genannt.

Bild 3: Ostfriesische Möwen der Großform geraten nur selten in Brutlaune, sind aber gute Glucken.

Seite 43), was sie zu den wenigen Hühnerrassen macht, bei denen die Hennen schöner wirken als die Hähne. Die Küken der ostfriesischen Möwen und der anderen Sprenkelhühner sind mit ihrer gesprenkelten Kopfzeichnung ein hübscher Anblick. Ihre spezielle Flaumkleidmusterung ähnelt so sehr der Musterung echter Möwenküken, dass sie diesen Hühnern zu der Bezeichnung „Möwen" verholfen hat.

Herkunft und Entstehung: Die ursprünglich osteuropäischen Sprenkelhühner werden spätestens seit Beginn des 19. Jahrhunderts in Norddeutschland, den Niederlanden und Belgien gezüchtet. Als deren ursprünglichste Variante gelten die Friesenhühner, deren rosenkämmige Form, die Assendelfter, zu den Hamburger Sprenkeln überleiten. Nah verwandt mit den Friesenhühnern sind auch die Ostfriesischen Möwen. Beide zusammen bilden in der Neighbor-joining-Analyse die Schwestergruppe des aus Brakel und Westfälischen Totlegern bestehenden Zweigs innerhalb der Sprenkelhühner. Deren jeweilige genetische Zusammensetzung unterscheidet sich kaum und besteht aus drei maßgeblichen Clustern:

- Westeuropa 50 bis 55 %
- Osteuropa 35 bis 40 %
- Westasien und Nordafrika 5 bis 10 %

Die Ausdifferenzierung in die heutigen Rassen und damit auch die Entstehung der Ostfriesischen Möwen datiert in die Zeit um 1900.

Bild 2: Eine gold-schwarzgeflockte Möwe.

Erscheinungsbild: Ostfriesische Möwen sind mittelhoch gestellte Landhühner mit voller, langer Befiederung, mittelgroßem Einfachkamm, weißen Ohrscheiben und schieferblauen Läufen.

Charakteristisch ist die als Flockung bezeichnete Abwandlung der Sprenkelung, die im Gegensatz zur Zeichnung der Westfälischen Totleger und der feinen Bänderung der Brakel deutlich aufgelöster wirkt. Die vergleichsweise schlicht gefärbten Hähne haben einen schwarzen Schwanz und zeigen im Brust- und Mantelgefieder nach außen kaum sichtbare Zeichnung. Gezüchtet werden die Varianten Silber-Schwarzgeflockt und Gold-Schwarzgeflockt.

Leistungseigenschaften: Die Legeleistung bewegt sich im Bereich von 120 bis 150 weißen, 50 bis 55 g schweren Eiern. Die Silbernen legen etwas besser als die Goldenen, die mit maximal 60 g aber größere Eier legen.

Wesenseigenschaften: Bei den Möwen handelt es sich um aufmerksame, lebhafte und wetterharte Landhühner mit gutem Flugvermögen. Sie sind ausgezeichnete Futtersucher, eher zurückhaltend und etwas schreckhaft, können jedoch auch zutraulich werden, wenn man sich mit ihnen beschäftigt.

Bruttrieb: Der Bruttrieb ist im Allgemeinen eher gering ausgebildet, doch kommen in einigen Zuchtlinien regelmäßig auch brütende Hennen vor, wie auch hier in der Bebilderung zu sehen.

Empfehlungen für Zucht und Haltung: Da Ostfriesische Möwen sehr lebhafte Tiere sind, ist ein großer Auslauf in jedem Fall von Vorteil. Wegen ihrer Flugfähigkeit sollten die Zäune entsprechend hoch bzw. der Auslauf mit einem Netz überspannt sein. Wer viel Platz zu bieten hat und auf der Suche nach einem selbstständigen, wetterharten Huhn ist, liegt bei den Möwen richtig.

Die beste Hennenzeichnung wird vererbt, wenn die Hähne eine verdeckte Flockenzeichnung im Untergefieder haben.

Zwergform: Silber-Schwarzgeflockte Zwerg-Möwen wurden in den 1950er-Jahren in Deutschland aus der Großrasse, silberhalsigen, wildfarbigen und weißen Deutschen Zwerghühnern sowie silberfarbigen Zwerg-Italienern erzüchtet. Die Gold-Schwarzgeflockten, kreiert aus Silber-Schwarzgeflockten, porzellanfarbigen Federfüßigen Zwerghühnern, porzellanfarbigen Bantam, schwarzen Deutschen Zwerghühnern und einer gold-schwarzgeflockten Zwerghenne aus Holland, folgten in den 1960er-Jahren. Später kamen mithilfe von Zwerg-Andalusiern noch Gold-Blaugeflockte, Gelb-Weißgeflockte und Silber-Blaugeflockte hinzu. Zwerg-Möwen sind ebenfalls lebhaft und agil und dabei noch um einiges aufgeweckter als die große Variante. Im Gegensatz zur Großform geraten Zwerg-Möwen leicht in den Brutmodus und erweisen sich dann als hervorragende Glucken.

Die Legeleistung der Silbernen bewegt sich zwischen 120 und 150 weißen, mindestens 35 g schweren Eiern, die der Goldenen liegt mit 100 bis 130 Eiern etwas darunter, was sicher auf die verwendeten Ausgangsrassen zurückzuführen ist.

Bild 4: Das gesprenkelte Daunenkleid der Ostfriesischen Möwen-Küken ähnelt dem Daunenkleid von echten Möwen, daher der vergleichende Name.

Bild 5: Zwerg-Silbermöwe im Portrait.

Bild 6: Ein stolzer Hahn der Zwerg-Silbermöwen, an dessen Schwingen sich auch die geforderte verdeckte Flockenzeichnung erkennen lässt.

Bild 1a: Der eng anliegende Rosenkamm ist ein wichtiges Rassemerkmal.
Bild 1b: Ein typvoller Westfälischer Totleger-Hahn mit üppiger Befiederung im Hahnenschwanz.

Westfälische Totleger

Kaum eine Rasse hat von dem in den 1990er-Jahren einsetzenden Trend zur Rückbesinnung auf altes Kulturgut so profitiert wie die Westfälischen Totleger. Waren sie zu Beginn der 1980er-Jahre selbst auf Bundesschauen nur unregelmäßig und in geringer Anzahl anzutreffen, hat die Nominierung zur „Rasse des Jahres" durch die GEH (Gesellschaft zur Erhaltung alter und gefährdeter Haustierrassen) 1994 dazu geführt, dass die Zahl der Zuchten knapp zehn Jahre später auf fast 180 angewachsen war. Auch wenn sich das mittlerweile wieder etwas relativiert hat, ist die akute Existenzbedrohung zunächst einmal abgewendet.

Bild 2a: Westfälische Totleger-Henne im Farbschlag Gold-Schwarzgeflockt.

Bild 2b: Bei Totleger-Hennen ist der Rosenkamm insgesamt glatter strukturiert als beim Hahn.

Herkunft und Entstehung: Die Heimat dieser südlichsten Variante der früher als Totleger, Möwen oder Campiner bezeichneten Sprenkelhühner ist der westfälische Raum, speziell das Ravensburger Land. Mit der Differenzierung der in Kammform, Hahnenzeichnung und Sprenkelung zunächst noch heterogenen

Bild 3: Auch in Silber-Schwarzgeflockt sehen die Westfälischen Totleger mit ihrem feinen Zeichnungsgbild sehr ansprechend aus.

Bestände in die heutigen Rassen wurde ein Typ gefestigt, der wie die Hamburger Sprenkel und Assendelfter rosenkämmig ist. Die Hähne weisen jedoch analog zu denen der Brakel dieselbe Zeichnung auf wie die Hennen. Abgeschlossen war der Entstehungsprozess letztlich mit der Musterbeschreibung im Jahr 1904, in der auch der auf den ersten Blick etwas irritierende Name manifestiert wurde.

> Der Name Totleger hat nichts damit zu tun, dass die Hennen sich zu Tode legen, sondern ist vielmehr vom plattdeutschen Wort „Doutlejer" für Dauerleger abgeleitet.

Die Totleger bilden in der Neighbor-joining-Analyse zusammen mit den Brakel die Schwestergruppe der Friesenhühner und Ostfriesischen Möwen und unterscheiden sich genetisch kaum von den anderen Sprenkelhühnern (siehe Ostfriesische Möwen). Erste Befunde, die eine deutliche Distanz zu ihrer Ursprungsgruppe und damit einen Hinweis auf möglicherweise weitere an der Entstehung beteiligte Rassen lieferten, konnten im SYNBREED-Projekt mit einer weitaus größeren Anzahl untersuchter Genorte nicht bestätigt werden.

Erscheinungsbild: Die Westfälischen Totleger sind wie die Ostfriesischen Möwen mittelhoch gestellte Landhühner mit voller, langer Befiederung, weißen Ohrscheiben und schieferblauen Läufen.

Sie tragen jedoch einen Rosenkamm und haben einen mehr kastenförmigem Körper. Die Zeichnung der Totleger ist zwar gröber als die Bänderung der Brakel, aber weniger aufgelöst als die Flockung der Möwen und nimmt so zwischen diesen eine intermediäre Stellung ein. Farbvarianten sind auch hier Gold und Silber.

Leistungseigenschaften: Die Legeleistung liegt je nach Zuchtlinie und -schwerpunkt zwischen 100 und 170 weißen, 50 bis 55 g schweren Eiern.

Wesenseigenschaften: Wie die Möwen sind auch die Totleger aufmerksame, lebhafte und wetterharte Landhühner mit gutem Flugvermögen. Sie sind frohwüchsig, unermüdliche Futtersucher und etwas zurückhaltend, können jedoch bei entsprechender Betreuung auch zutraulich werden.

Bruttrieb: Der Bruttrieb ist bei Totlegerhennen kaum vorhanden.

Empfehlungen für Zucht und Haltung: Auch die Totleger fühlen sich in einem großen Auslauf, der wegen ihrer Flugfähigkeit mit hohen Zäunen oder einem Netz versehen sein sollte, am wohlsten. Dort können sie ihr Potenzial hinsichtlich Futtersuche, Leistungseigenschaften und Erscheinungsbild am besten nutzen. Einkreuzungen von Rassen, die nicht dem Verwandtschaftskreis der Sprenkelhühner angehören, sollten grundsätzlich unterbleiben.

Zwergform: Obwohl in den frühen 1970er-Jahren mit der Verzwergung der Totleger begonnen wurde, kam dieses Projekt nie zum Abschluss. Da auch die Übertragung einer Rasse auf ein kleineres Format ein Betrag zu deren Erhaltung sein kann, da so selbst bei geringen Platzverhältnissen eine Zucht möglich wird, sollte im Fall der Totleger nochmals ernsthaft über eine Verzwergung nachgedacht werden. Voraussetzung ist natürlich, dass man im gleichen Verwandtschaftskreis bleibt, um so den Genpool möglichst wenig zu verändern. Das aber wäre bei Verwendung der aus der Großrasse und Deutschen Zwerghühnern entstandenen Zwerg-Brakel sicher das geringste Problem.

Europäische Langkräher

Allen Langkräherrassen ist der stark verlängerte Krähruf der Hähne zu eigen, der sich bei ihnen über 20 Sekunden, im Extremfall sogar bis über 60 Sekunden (Kosovo-Kräher) ausdehnen kann. Im Gegensatz dazu dauert der Krähruf „normaler Hähne" maximal etwa drei Sekunden.

Für reichlich Diskussionsstoff sorgte in der Vergangenheit die Frage, ob sich alle diese Langkräherrassen auf eine gemeinsame Ursprungspopulation zurückführen lassen und die Verlängerung des Krährufs ein singuläres Ereignis in der Domestikationsgeschichte des Haushuhns darstellt oder dieses Merkmal mehrfach unabhängig voneinander in verschiedenen Teilen der Welt aufgetreten ist.

Unter geografischen Aspekten lassen sich innerhalb der Langkräherrassen zwei Gruppen unterscheiden:

Sandschak Kräher zählen zu den europäischen Langkräherrassen und haben mit den Kosovo-Krähern und den Bosnischen Krähern zwei nahe verwandte Rassen aus benachbarten Regionen.

- Die europäisch-westasiatische Gruppe mit den Langkrähern des Westbalkanraums (Sandschak-, Kosovo- und Bosnische Kräher), den Bergischen Krähern mit den von ihnen abstammenden Brasilianischen Singerhühnern, den Bulgarischen Krähern und den türkischen Denizli horoz.
- Die ostasiatische Gruppe mit den Japanischen Langkrähern (Totenko, Koeyoshi, Tomaru, Kurokashiwa, Shôkoku), den Indonesischen Krähern (Ayam Pelung) und ggf. den Ayam Ketawa.

Da die mehrfache Entstehung eines derart einzigartigen und vermutlich polygen vererbten Merkmals als eher unwahrscheinlich einzustufen ist, wurde lange Zeit die Idee einer gemeinsamen Herkunft präferiert.

Besonders populär war die auf den ersten Blick durchaus plausibel erscheinende Theorie, nach der die Langkräher in Ostasien, speziell China, entstanden sind und sich dann einerseits nach Japan, andererseits nach Westen bis in die Türkei (Denizli horoz) und von dort aus in den Balkanraum (Sandschak-, Kosovo-, Bosnische Kräher) und nach Westdeutschland (Bergische Kräher) ausgebreitet haben.

Sie stützte sich auch darauf, dass die Shôkoku als vermeintliche Vorfahren der Totenko zwischen dem 8. und 12. Jahrhundert aus dem chinesischen Distrikt Changzhou eingeführt wurden, wovon sich auch der Name Shôkoku ableitet. Außerdem wurde in Nanking sowie Soochow (in der Nähe des besagten Distrikts) zwischen 206 v. Chr. und 1272 n. Chr. ein Kräherhuhn gezüchtet, das in Form, Farbe und Haltung den Shôkoku ähnelte (VAN GINK 1956).

Dagegen sprechen jedoch molekulargenetische Befunde, wonach sich die untersuchten Bergischen Kräher und Denizli horoz in die europäisch-westasiatische Gruppe einordnen und eine ebenso klare Eingruppierung der Totenko und Koeyoshi innerhalb der ostasiatischen Rassen belegt ist. Auch war in der Admixture-Analyse kein Cluster erkennbar, das bei allen untersuchten Langkräherrassen erkennbar vorhanden ist und somit Hinweise auf jene Population geben könnte, in der das Merkmal möglicherweise auftrat und selektiv gefestigt wurde. Daher erscheint es zum gegenwärtigen Zeitpunkt am wahrscheinlichsten, dass der verlängerte Krähruf mehrfach unabhängig voneinander entstanden ist.

Trotzdem kann auch eine einmalige Entstehung nicht völlig ausgeschlossen werden, wenn man annimmt, dass die betreffenden Mutationen schon sehr früh während der Domestikation des Haushuhns aufgetreten sind und dann mit der Erstausbreitung sukzessive in verschiedene Teile der Welt gelangt wären, wo sie schließlich mehrfach regional gefestigt wurden.

Gemeinsamer Ursprung

Als sicher kann allein schon aus geografischen Gründen ein gemeinsamer Ursprung der drei Langkräherrassen des Westbalkanraums gelten. Und ebenso sicher können auch die Bergischen Kräher dieser Verwandtschaftsgruppe angeschlossen werden. Bei ihnen ist das für die Hauben- und Sprenkelhühner typische Osteuropäische Cluster deutlich stärker ausgeprägt als bei den übrigen Bergischen Rassen. Außerdem zeigen zwei der drei Langkräherrassen des Westbalkanraums typische Haubenhuhnmerkmale, was darauf schließen lässt, dass die Basispopulation dieser Gruppe dem Verwandtschaftskreis der Haubenhühner entstammt.

Weitaus unklarer ist die Position der Denizli horoz. So zeigten Kreuzungsversuche mit Bergischen als auch Sandschak-Krähern, dass die F_1 deutlich schlechter krähte als die jeweiligen Ausgangsrassen. Auch unterscheiden sich die Denizli hinsichtlich ihrer genetischen Zusammensetzung praktisch nicht von anderen türkischen Rassen, zeigen also keinen Hinweis auf einen Input von außen. Daher sind sie entweder das Ergebnis einer eigenständigen Entwicklung oder haben sich schon sehr früh von den anderen europäischen Langkrähern abgespalten, was ihren Krähruf aufgrund der langen eigenständigen Entwicklung „inkompatibel" gemacht hat.

Bild 1: Das Kopfprofil des Bergischen Kräher-Hahns wird durch einen großen Einfachkamm, lange Kehllappen und mittelgroße, weiße Ohrscheiben charakterisiert.

Bergische Kräher

Vielleicht hat es der eine oder die andere auch schon erlebt: Bevor man einen Hahn der stark gefährdeten Rasse Bergische Kräher sieht, hat man ihn schon gehört. So ertönen z. B. im LWL-Freilichtmuseum Detmold in Nordrhein-Westfalen seltsame Krährufe zwischen den historischen Bauernhöfen. Einzelne Silben wirkten dabei seltsam in die Länge gezogen, was natürlich die Aufmerksamkeit der Besucher erregt. Macht man den verantwortlichen „Langkräher" ausfindig, sieht man einen mittelgroßen, sportlich gebauten Hahn ganz in

Bilder 2a bis 2c: Bergische Kräher sind standorttreu und fleißige Futtersucher. Sie können nach der Eingewöhnung deshalb auch frei laufen. Der konvex, nach oben gekrümmte „Karpfenrücken" (2b) dieser Bergischen Kräher-Henne ist rassetypisch und keineswegs ein Anzeichen für Unwohlsein.

Schwarz- und Rottönen gehalten. Dazu erscheint eine Schar Hennen, die auf schwarzer Grundfarbe unregelmäßige gelbrote Flecken im Gefieder haben, insbesondere an den Flügeldecken. Auf den ersten Blick wirkt diese unruhige Farbgebung nicht wie ein Farbenschlag aus der Rassegeflügelzucht, doch ist die offizielle Bezeichnung für derart gefärbte Hühner „Schwarz-Goldbraungedobbelt". Offiziell gelten die Bergischen Kräher als die älteste Hühnerrasse Deutschlands und ihre „sagenhafte" Herkunft lag lange Zeit im Dunkeln.

Herkunft und Entstehung: Die Bergischen Kräher sind in ihrer Heimat, dem Bergischen Land in Nordrhein-Westfalen, seit mindestens 200 Jahren dokumentiert. Ihre Herkunft wurde lange Zeit auf Kreuzritter zurückgeführt, von denen die Tiere, so die Sage, im Mittelalter aus dem Nahen Osten, Kleinasien oder dem Balkanraum mitgebracht wurden. Anderen Theorien zufolge waren spanische Mönche die Importeure und Verbreiter der Rasse.

Erste molekulargenetische Untersuchungen zu Beginn der 2000er-Jahre deuteten auf Verwandtschaftsbeziehungen zu den Hauben- und Sprenkelhühnern hin, was auch vor dem Hintergrund der Ähnlichkeit der für diese Gruppen typischen Tupfung mit der Dobbelung der Bergischen Kräher plausibel erschien (SIX & WEIGEND 2003). Exakt in diesen Haubenhuhnkontext passte auch ein kurze Zeit später „entdecktes" Präparat eines Bergischen Krähers vom Ende des 19. Jahrhunderts, das einen porzellanfarbigen Hahn mit Schopf und Kronenkamm zeigt.

Die Admixture-Analyse konnte schließlich zeigen, dass es neben Vertretern der Hauben- und Sprenkelhühner wohl heimische Bergische Landhühner waren, die an der Entstehung der Rasse mitwirkten und etwa 50 % des heutigen Genpools beisteuerten. So liegt die Frequenz des Osteuropäischen Clusters bei den Bergischen Krähern mit gut 20 % recht genau zwischen dem der Haubenhühner (ca. 40 %) und dem der Bergischen Rassen Schlotterkämme und Krüper (knapp 5 %). *Siehe Grafik!*

Bleibt die Frage, woher der lange Krähruf kommt. Hauben tragende Langkräherrassen finden sich mit den Sandschak- und Kosovo-Krähern im Balkanraum, sodass hier sicher der Ursprung des Hauptrassemerkmals zu suchen ist. Von den dortigen Varianten zeigen die Sandschak-Kräher die größten Gemeinsamkeiten mit den Bergischen, sowohl den Krähruf als auch das Erscheinungsbild betreffend. So kommen bei ihnen neben vielen anderen Zeichnungen auch Tiere mit Dobbelung und der ihr nah verwandten Halbmondtupfung vor.

Ob diese Langkräher wirklich mit Kreuzrittern ins Bergische Land kamen, ist jedoch fraglich. Wahrscheinlicher ist es, dass sie zusammen mit ihren Verwandten, den Haubenhühnern, durch niederländische Seefahrer nach Nordwesteuropa gelangten. Möglicherweise haben dann tatsächlich spanische Mönche die Tiere aus den ehemals spanischen Niederlanden (dem heutigen Belgien) ins Bergische Land gebracht. Trotz ihrer geringen Populationsgröße zeigt die Rasse keine auffallend niedrigen Werte für Heterozygotie (0,179) und Polymorphie (0,702), was in der jahrzehntelangen Trennung ihrer Zuchtschwerpunkte im Bergischen Land und in Sachsen und deren erst kürzlich erfolgter Zusammenführung begründet sein könnte.

Genetische Zusammensetzung der Bergischen Kräher

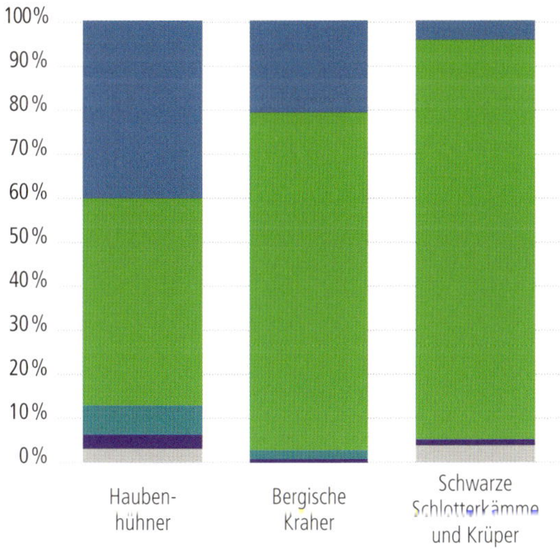

Vereinfachte Dartstellung auf Basis der Admixture-Analyse im SYNBREED chicken diversity panel (MALOMANE et al. 2019)

Osteuropa, Westeuropa, Westasien und Nordostafrika, Sebright, Sonstige

Erscheinungsbild: Bergische Kräher sind recht hochgestellte, aufgerichtete Hühner mit langem schlankem Körper und teils nach oben gewölbtem Rücken. Sie sind voll und lang befiedert, tragen einen Einfachkamm und haben weiße Ohrscheiben; die Läufe sind blau. Folgende Farben und Zeichnungen kommen vor:

- Die häufigste Farbvariante ist Schwarz-Goldbraungedobbelt. Bei der Dobbelung weisen die außen schwarzen Federn des Brustgefieders und der vorderen Rückenpartie farbige innen liegende Punkte (Dobbeln) auf. Diese Zeichnung ist eine Abwandlung der Tupfung und entsteht vermutlich durch das Hinzukommen eines dominanten Eumelanin-Verstärkers (Verdunkelungsfaktors):
  E^R Pg Db Ml s^+ Eumelanin-Verstärker
- Gelegentlich fallen aus den Schwarz-Goldbraungedobbelten auch Tiere an, bei denen das Gold zu Silberweiß bis Cremefarbig aufgehellt ist. Hier kommt der rezessive Aufhellungsfaktor ig (Cream) hinzu.
- Ebenso fallen immer wieder getupfte Tiere oder solche mit Halbmondsäumung an. Bei ihnen fehlt der dominante Eumelanin-Verstärker.
- Früher gab es noch weitaus mehr Farbvarianten. Sicher überliefert sind z. B. Schwarze und Porzellanfarbige, Farbvarianten, die auch bei den Sandschak-Krähern vorkommen.

Für das Schauwesen sind nur die Schwarz-Goldbraungedobbelten zugelassen.

Krähruf: Der Krähruf heutiger Bergischer Kräher dauert maximal etwa 10 Sekunden an und ertönt mit klarer, tiefer Stimme im Vorwärtsgehen. Er endet mit dem Schnork, einem Laut, der entsteht, wenn der Hahn nach dem Krähen wieder Luft einsaugt.

Leistungseigenschaften: Die Legeleistung liegt im Bereich zwischen 110 und 140 weiß- bis cremefarbigen Eiern mit einem Gewicht von 55 bis 60 g. Die Tiere beginnen meist erst im Alter von 7-8 Monaten mit dem Legen, zeigen dann aber über viele Jahre eine konstante Leistung.

Bild 3: Die Hähne der Bergischen Kräher krähen überdurchschnittlich lang und werden traditionell im Bergischen Land und in Sachsen auch in Krähwettbewerben eingesetzt. Foto © Thilo Bock

Wesenseigenschaften: Die Tiere beider Geschlechter wirken durchweg aufmerksam und wachsam. Selbst in einem Freilichtmuseum wie in Detmold, das im Sommer stets gut besucht ist und wo die Tiere wohl jeden Tag viele Menschen zu Gesicht bekommen, erweisen sie sich nicht als zutraulich. Auch bei den Züchtern selbst präsentieren sie sich stets als eher lebhafte Rasse, die in zu kleinen Gehegen oder Volieren unter dem Eingesperrt sein leidet. Für die Haltung in kleinen Gärten möchten wir die Bergischen Kräher darum nicht empfehlen. Ideal sind sie dagegen für die völlige Freilaufhaltung auf großen Grundstücken und Bauernhöfen. Die Tiere können gut auf sich selbst aufpassen, sind begnadete Futtersucher, zudem unempfindlich gegenüber jeglichen Witterungsschwankungen und insgesamt ausgesprochen zäh und langlebig. Dass Bergische Kräher überhaupt nicht zahm werden, stimmt übrigens nicht. Dürfen sie sich frei bewegen, sind sie deutlich weniger nervös als in einem beengten Gehege und wissen dann abzuwägen, wann es sich lohnt, dem Menschen freiwillig näher zu kommen. Leckerbissen aus der Hand gereicht werden durchaus angenommen, nur Kuschelhühner werden aus den Bergischen Krähern nie.

Bruttrieb: Bergische Kräherhennen brüten sehr selten und auch nur, wenn die Haltungsbedingungen weitgehend natürlich sind. Meist sind es dann mehrjährige Hennen, die sich im Sommer einen geschützten Platz im Gehege suchen und dort zur Brut brüten.

Empfehlungen für Zucht und Haltung: Da der lang gestreckte Hahnenkrähruf die wichtigste Besonderheit der Rasse ist, sollte man Bergische Kräher nicht ohne Hahn halten. Er spielt hier quasi die Hauptrolle und kann sich locker um eine Schar von 8 bis 12 Hennen kümmern.

Daher sollte auch dem Krähruf bei der Auswahl der Zuchttiere eine größere Bedeutung beigemessen werden als dem Erscheinungsbild. Schon 1927 schreibt Friedrich Wieden, der seinerzeit einflussreichste Züchter der Rasse: „Mit der Aufstellung einer Musterbeschreibung war das Schicksal der Bergischen Kräher in Betreff des Krährufes besiegelt. Es kam damals gar nicht darauf an, wie die Musterbeschreibung lautete. Die Aufstellung einer Musterbeschreibung im allgemeinen gab den Ausschlag, denn sogleich, nachdem eine Musterbeschreibung aufgestellt war, stellten sich auch viele Züchter auf dieselbe ein, denn sie wollten unbedingt auf den Ausstellungen ihre Lorbeeren ernten."

Der Krähruf wird durch mehrere Erbanlagen, also polygen, vererbt, weshalb der gelegentlich empfohlene Aufbau von Inzuchtlinien hier nicht hilfreich ist. Es besteht dann nämlich die Gefahr, dass heterozygot vorliegende Allele nach und nach durch Zufall aus der Population driften. Übrig bleibt nur eine Teilmenge des „vollständigen Allelsatzes", in der die dann vorliegende Reinerbigkeit zur Stabilisierung auf mittlerem Niveau führt. Weitaus sinnvoller ist es, Tiere aus gut krähenden Zuchten zu verpaaren, die über teils unterschiedliche Bereiche des gewünschten Allelspektrums verfügen, das durch die Kombination komplettiert wird. Außerdem wird so unnötige Inzucht vermieden.

Brütende Hennen sollten unbedingt zur Zucht eingesetzt werden, um die Frequenz dieses erblichen Merkmals zu erhöhen.

Da die Rasse einen eher unruhigen Charakter hat, empfiehlt es sich, stets die ruhigsten und zutraulichsten Tiere in die Zucht zu nehmen und auf hysterische, ängstliche Tiere komplett zu verzichten. Dies auch besonders vor dem Hintergrund, dass hysterisches Verhalten genetisch mit der Neigung zum Federpicken gekoppelt sein kann (FLISIKOKOWSKI et al. 2008) und die erbliche Komponente dieser Verhaltensstörung lange Zeit unterschätzt wurde.

Züchtungsarbeit

Seit einigen Jahren wird versucht, die Bergischen Kräher durch Rückführung an ihre Vorfahren, die Langkräherrassen des Balkanraums, ruhiger, zutraulicher und wesensfester zu machen

Zwergform: Bergische Zwerg-Kräher entstanden Ende der 1920er-Jahre parallel im Bergischen Land und in Sachsen. Als Basis dienten in beiden Fällen Tiere der Großrasse und schwarze Deutsche Zwerghühner. Allein aufgrund ihres geringeren Körpervolumens erreichen sie nicht die Krähruflängen der Großrasse. Spitzenhähne kommen auf etwa 7 Sekunden. Genau wie ihre großen Verwandten sind Zwerg-Kräher aber vitale, lebhafte, temperamentvolle und sehr wachsame Tiere, die sich, stets eifrig Futter suchend, in großen Ausläufen mit reichlich Strauchwerk am wohlsten fühlen. Auf entsprechend hohe Umzäunungen sollte wegen ihrer Flugfähigkeit geachtet werden. Je nach Zuchtlinie sind sie teils etwas ruhiger als die Großrasse.

Geradezu erstaunlich sind die Leistungseigenschaften der Zwerg-Kräherhennen. So kommen sie auf Werte von über 150, maximal sogar 180 weiße Eier pro Jahr mit einem Gewicht von ca. 40 g. Auch die Zwerg-Kräher sind überwiegend Nichtbrüter, doch treten bei ihnen häufiger als bei der Großrasse brütende Hennen auf, was sicher den Deutschen Zwerghühnern als ihren partiellen Ahnen zu verdanken ist.

Sandschak-Kräher

Bis zum Ende der ersten Balkankriege im Jahr 1913 war der Sandschak oder Sandžak eine Verwaltungseinheit des Osmanischen Reiches. Sie wurde als Sandschak Novi Pazar oder (in türkischer Sprache) Sancak Yeni Pazar bezeichnet, was so viel wie „Neuer Markt" bedeutet und sich im Volksmund bis heute erhalten hat. Heute gehört das Gebiet teils zu Serbien und teils zu Montenegro, doch auf beiden Seiten ist der Bevölkerung die Liebe zu den traditionellen, lang krähenden Hühnern der Region, den „Sandschak-Krähern", geblieben. Sie sind im Sandschak und auch in Metochien (Westkosovo) relativ weit verbreitet und zählen dort sicherlich mehrere Tausend Exemplare, da sie von Hunderten ortsansässigen Züchtern, teilweise über mehrere Generationen, gehalten werden. Mittlerweile werden sie auch im deutschsprachigen

Bild 1: Die Federhauben vieler Sandschak-Kräher-Hähne sind vergleichsweise locker beschaffen und wirken dann fransig.

Bild 2: Sandschak-Kräher sind altes Kulturgut und vereinen die Merkmale von Zweinutzungshühnern, Haubenhühnern und Langkrähern in sich.
Bild 3: Bei diesen bunten Sandschak-Küken sind bereits die Wölbungen am Kopf (Protuberanz) ersichtlich, aus denen die Federhaube sprießen wird.
Bilder 4 und 5: Die Federhaube sitzt bei vielen Sandschak-Krähern relativ lose und neigt sich daher zur Seite.
Bild 6: Gewünscht ist bei den Sandschak-Kräher-Hennen inzwischen eine eher aufstrebende, helmförmige Haube.

Raum gezüchtet und es hat sich ein kleiner Kreis von begeisterten Enthusiasten um diese außerordentlich wirtschaftliche Rasse gebildet.

Herkunft und Entstehung: Da es keine gesicherten Dokumente über den Ursprung der Sandschak-Kräher gibt, müssen wir hier weitgehend auf Vermutungen und Spekulationen zurückgreifen. Sicher ist, dass die Rasse dem Kreis der Haubenhühner zuzuordnen ist; die Haubenbildung, die aufgeworfenen Nasenlöcher und haubenhuhntypischen Zeichnungsbilder wie die regelmäßig vorkommende Tupfung sollten dafür Beweis genug sein. Das lokalisiert ihren Ursprung in den osteuropäischen Raum, und es ist daher nicht unwahrscheinlich, dass ihre Wurzeln auch genau dort zu suchen sind, wo sie bis heute gezüchtet werden. Ebenso sicher besteht eine nahe Verwandtschaft zu den beiden weiteren Langkräherrassen des Westbalkanraums, den Kosovo- und den Bosnischen Krähern, mit denen sie zahlreiche, jedoch unterschiedlich verteilte Gemeinsamkeiten teilen. So erinnert der große, kräftige, hochgestellte und markante Körper mit zumeist steiler Schwanzhaltung stark an die Bosnischen Kräher, während sich die Kosovo-Kräher im Gegensatz dazu kleiner, tiefgestellter und deutlich eleganter präsentieren. Anders bei den Kopfpunkten, wo mit Haube und Doppelkammanlage die Merkmale der Kosovo-Kräher in Erscheinung treten und außer dem kräftigen Kopf mit dem teils langen Schnabel nur wenige Anklänge an die Bosnischen Kräher erkennbar sind. Bezüglich des Krährufs bestehen mehr Gemeinsamkeiten mit den Bosniern, und das sowohl bezüglich Lautstärke, Stimme und Verlauf als auch der Ruflänge, wobei jedoch fließende Übergänge zu den Kosovo-Krähern bestehen.

Da die Sandschak-Kräher sowohl im Erscheinungsbild als auch im Krähruf Attribute beider Rassen zeigen und ihr Verbreitungsgebiet zwischen diesen eine intermediäre Stellung einnimmt, liegt die Vermutung nahe, dass sie tatsächlich die „Urform" der europäischen Langkräher repräsentieren bzw. ihr nahestehen. Gestützt wird diese Annahme auch durch die zahlreichen Gemeinsamkeiten mit den Bergischen Krähern. Denn sollten die Sandschak-Kräher die direkten Vorfahren der Bergischen sein, und dafür spricht einiges, müssten sie mindestens 200 Jahre alt sein.

Erscheinungsbild: Sandschak-Kräher sind stolze, majestätische und ausgesprochen große Tiere, deren Hähne eine Körperhöhe von bis zu 90 cm und ein Gewicht von bis zu 6 kg erreichen können. Sie sind relativ hochgestellt und zeigen eine waagerechte bis stark aufgerichtete Haltung, die bei den Hähnen zumeist stärker ausgeprägt ist als bei den Hennen. Die Federhaube ist meist als leicht nach vorn geneigte Spitzhaube ausgebildet, doch können deren Federn speziell bei den Hennen auch zur Seite fallen. Die Tiere sind voll befiedert mit mittellangem, hoch getragenem Schwanz.
Folgende Kammformen kommen vor:

- Es dominiert der v-förmig ausgebildete Hörnerkamm unterschiedlicher Größe.
- Regelmäßig kommen auch napfkämmige oder komplett kammlos wirkende Tiere vor.
- Zudem können gelegentlich schmetterlingskämmige Individuen auftreten.

Manchmal tritt zusätzlich ein hornartiger Kammfortsatz zwischen den für Haubenhühner in typischer Weise aufgeworfenen Nasenlöchern in Erscheinung.

Die kräftigen Läufe variieren von Schiefergrau über Blau, Weißgrau und Olivgrün bis hin zu Gelb. Die Ohrlappen sind überwiegend rot, können jedoch auch deutliche Weißanteile aufweisen. Sandschak-Kräher kommen in zahlreichen Farb- und Zeichnungsmustern vor:

- Einfarbig (Schwarz, Weiß, Blau)
- Gold und Silber (auf Basis der Birkenfarbe)
- Gesattelt (Gold bzw. Silber mit reduzierter Halszeichnung)
- Gesprenkelt und Getupft (Gold, Silber)
- Schwarz-Weißgescheckt, Porzellanfarbig und Columbia (Gold, Silber)

Im Gegensatz zur Situation in Deutschland gab es in der Heimatregion der Sandschak-Kräher zu keiner Zeit eine organisierte Rassegeflügelzucht oder ein Schauwesen. Eine gerichtete Selektion, an der sich alle Züchter mit der gleichen Zielvorgabe beteiligen, findet nicht statt. Die Folge davon ist eine ausgeprägte phänotypische Varianz, wobei unterschiedliche Typen nicht selten im selben Dorf vorkommen oder bestimmte Farbvarianten in den einzelnen

Zuchten dominieren. Die Situation ist also partiell mit jener der Bergischen Kräher des 19. Jahrhunderts vergleichbar, als man „an dem Schrei des Hahns und an charakteristischen Äußerlichkeiten die Abstammung der Tiere erkennen konnte", wie Bruno Dürigen 1921 schreibt.

Krähruf: Der Krähruf der Sandschak-Kräher ähnelt sehr stark dem der Bosnischen Kräher. Allein schon durch die Größe der Tiere ist er voluminös, tief und stimmgewaltig. Er soll möglichst klar und melodisch sein und variiert individuell zwischen 10 und 30 Sekunden. Je länger der Krähruf, desto leiser ist er im Normalfall, weil der Hahn dann stärker mit der Atemluft haushalten muss. Da der Ruf der Sandschak-Kräher deutlich lauter ist als jener der Kosovo-Kräher und daher mehr Atemvolumen benötigt, können deren immense Ruflängen von 40 bis 60 Sekunden prinzipiell nicht erreicht werden.

Eine Parallele zu den Bergischen Krähern besteht in der Präsentation des Rufs. Bei beiden Rassen schreiten die Hähne während des Rufs oft langsam nach vorn und senken dabei den Kopf nach unten. In speziellen Wettbewerben, auf denen es nicht selten zugeht wie auf Volksfesten, treffen sich die Züchter regelmäßig und lassen ihre besten Hähne gegeneinander antreten. Als erstrebenswert gilt ein besonders langer Krähruf, der aber nicht zu viel an Lautstärke und Klangfarbe einbüßt. Man kann es sich vorstellen wie einen unblutigen Hahnenkampf, nur dass hier nicht der Aggressivste und Stärkste am Ende seine Gene weitergeben darf, sondern der „beste Sänger".

Leistungseigenschaften: Die Legeleistung der Sandschak-Hennen ist geradezu legendär. Im Alter von 6 bis 8 Monaten beginnend legen sie nicht selten über 200 ca. 60 g schwere Eier. Zweijährige Hennen legen besonders große Eier mit Gewichten von bis zu 75 g. Die Eischalenfarbe variiert von Weiß über Cremefarbig bis zu Hellbraun.

> Die hervorragende Legeleistung der Sandschak-Kräher übertrifft die vieler klassischer Wirtschaftsrassen.

Wesenseigenschaften: Sandschak-Kräher sind zahm und zutraulich, bei entsprechender Betreuung können sie sehr menschenbezogen werden. Dabei sind sie aktiv, aufmerksam und gute Futtersucher, die sich zahlreiche natürliche Instinkte bewahrt haben. So bewachen und verteidigen die Hähne ihre Herde ebenso wie legende Hennen fürsorglich und intensiv. Da manche Hähne recht dominant sind, ist es nicht immer möglich, mehrere von ihnen zu vergesellschaften. Als äußerst wetterharte Tiere überstehen Sandschak-Kräher heiße Sommer genauso unbeschadet wie kalte Winter.

Bruttrieb: Der Bruttrieb ist bei über 50 % der Hennen vorhanden; die Glucken verfügen über gute Muttereigenschaften. Es gelang schon mehrmals erfolgreich, einer geduldigen Sandschak Kräher-Glucke noch bis zu drei Wochen alte Küken aus Kunstbrut "unterzujubeln". Die Küken müssen hier nur rasch lernen auf die Glucke zu hören.

Empfehlungen für Zucht und Haltung: Sandschak-Kräher stellen keine besonderen Ansprüche an die Haltung. Wegen ihrer Größe und Aktivität sollten die Stallungen und Ausläufe jedoch entsprechend geräumig sein. Primäres Zuchtziel sollte uneingeschränkt der Erhalt der positiven Wesens- und Leistungseigenschaften und des charakteristischen Krährufs sein. Eine vorrangige Selektion auf äußerliche Merkmale mit einer Vereinheitlichung des Phänotyps, wie sie in der traditionellen Ausstellungszucht üblich ist, würde nicht nur den Fortbestand dieser Attribute gefährden, sondern widerspräche auch der Zuchttradition der Heimatregion und ist daher nicht anzustreben. Zudem würde sie zu einer völlig unnötigen Verringerung der genetischen Variation führen. Zur Definition der phänotypischen Attribute sollte die aktuell vorhandene Variation dokumentiert und auf dieser Basis eine Rassebeschreibung erstellt werden, in deren Rahmen sich das Erscheinungsbild der Tiere bewegen darf.

Um eine möglichst große Farbvielfalt zu erhalten, empfiehlt sich die Zusammenstellung farblich heterogener Zuchtstämme.

Bilder 1 und 2: Bergische Schlotterkämme im Farbschlag Schwarz zählen zusammen mit den Rheinländern und Krüpern zu den Hühnern, bei denen das Westeuropäische Cluster am besten erhalten geblieben ist.

West- und Mitteleuropäische Rassen

Als West- und Mitteleuropäische Rassen fassen wir in diesem Kapitel alle spanischen, zentraleuropäischen und norditalienischen Rassen zusammen, die durch eine Dominanz des Westeuropäischen Clusters gekennzeichnet sind.

Diese Hühner repräsentieren die südliche von Kleinasien ausgehende Route nach Europa, die über Griechenland zunächst nach Italien und von dort aus nach West- und Zentraleuropa führt. Auf ihr steigt die Frequenz des Westeuropäischen Clusters von ca. 50 % in Kleinasien bis auf über 90 % bei mitteleuropäischen Rassen – schwarze Varianten der Rheinländer, Schlotterkämme und Krüper – an, während das Westasiatisch-Nordafrikanische Cluster von anfänglich 25 bis 30 % kontinuierlich abnimmt. Das Osteuropäische Cluster bleibt in Italien und Spanien mit ca. 20 % zunächst konstant, sinkt in Mitteleuropa aber schließlich auf 5 bis 10 % ab. Massiv vorangetrieben wurde diese Ausbreitung zweifellos in römischer Zeit, als die bereits züchterisch entwickelten und vergleichsweise leistungsfähigen Römischen Hühner in weite Teile des Reichs importiert und vielerorts zur dominierenden Haushuhnform wurden.

1

Rheinländer

Eine deutsche Erfolgsgeschichte – genau so könnte man die Herauszüchtung und Entwicklung des Rheinländerhuhns nennen. Denn es repräsentiert den äußerst erfolgreichen Versuch, heimische Landhuhnschläge durch eine gezielte Zucht konkurrenzfähig zu machen und auf diese Weise der Nachwelt zu erhalten. Über viele Jahrzehnte waren die Rheinländer die einzige hiesige Landhuhnrasse, die in nennenswerter Zahl gezüchtet und präsentiert wurde, während viele ihrer Verwandten entweder komplett verschwanden oder jahrzehntelang in ihrer Existenz bedroht waren.

Herkunft und Entstehung: Die Anfänge der organisierten Rheinländerzucht datieren auf das Ende des 19. Jahrhunderts, als der Kölner Fabrikant Dr. Hans Rudolf von Langen, selbst Züchter rebhuhnhalsiger Italiener, die Idee hatte, die Leistungsfähigkeit der genügsamen, widerstandsfähigen und an das mitteleuropäische Klima gut angepassten Landschläge auf das Niveau neu eingeführter Wirtschaftsrassen zu heben.

Restbestände solcher Hühner fand er 1895 in der Eifel südwestlich von Köln, einem Teil des Rheinischen Schiefergebirges, das sich gleich über vier europäische Länder erstreckt, nämlich Deutschland, Luxemburg, Belgien und Frankreich. Die Höfe in dem als strukturschwach geltenden Gebiet waren seit jeher eher klein und man setzte stark auf die Selbstversorgung inklusive der obligatorischen Hühnerschar, die hinter dem Haus scharrt und pickt.

Diese Landhühner der Eifel ähnelten sich zwar im Grundtyp, variierten jedoch in Farbe und Zeichnung ebenso wie in der Kammausprägung, die sowohl einfach- als auch rosenkämmig sein konnte. In Körpergröße und Eigewicht standen sie den Italienern nach, legten jedoch sehr gut. Auch waren sie weitaus weniger anfällig gegenüber Krankheiten und Parasiten als ihre mediterranen Stallgenossen.

Zur Etablierung seines Zuchtprojekts fokussierte sich Dr. von Langen auf die häufigste Variante, die Silberhalsigen mit Rosenkamm, da der Rosenkamm aufgrund seiner Form einen größeren Schutz vor Erfrierungen bietet. 1897 präsentierte er die Tiere dann erstmals als „Eifeler Landhühner".

Bild 1: Ein Zuchtstamm Zwerg-Rheinländer des traditionellen, schwarzen Farbschlags.

Bild 2: Rassetypischer Rosenkamm bei einem Zwerg-Rheinländer-Hahn.

Bild 3: Ein prächtiger Rheinländer-Hahn der Großrasse mit langgestreckter Rückenlinie und perfekter Befiederung mit intensivem Grünlack.

Um rebhuhnhalsige und weiße Tiere zu erhalten, führte er bereits 1896 Kreuzungen mit Bergischen Krähern und Ramelslohern durch, verfolgte dies aber nicht weiter, nachdem er 1897 bei einer Kölner Ausstellung einen Stamm Le Mans sah. Dieses schwarze französische Landhuhn ähnelte figürlich den Eifelern, hatte einen Rosenkamm, weiße Ohrscheiben und dunkle Läufe. Damit war es für eine Einkreuzung geradezu prädestiniert und bildete zusammen mit dem Eifeler Landhuhn die Hauptbasis der heutigen Rheinländer. Von diesem Huhn haben die Rheinländer auch ihre schwarze Farbe erhalten.

Die folgenden Jahre standen im Zeichen der Selektion auf hohe Legeleistung, was 1907 mit dem Sieg beim „ersten deutschen Wettlegen" belohnt wurde. Danach verbreitete sich die ab 1908 als Rheinländer bezeichnete Rasse rasant.

Der rein westeuropäische Ursprung der Rheinländer lässt sich auch genetisch gut dokumentieren. So zeigen die ursprünglichen Schwarzen mit über 90 % von allen untersuchten Rassen den höchsten Wert des Westeuropäischen Clusters und repräsentieren damit praktisch den „Prototyp" des indigenen mitteleuropäischen Landhuhns. Den übrigen Teil des Genpools bildet das auch bei westeuropäischen Rassen moderat vertretene Osteuropäische Cluster.

Die ebenfalls typisierten Rebhuhnhalsigen sind nah mit den Schwarzen verwandt und bilden in der Neighbor-Joining-Analyse deren Schwestergruppe. Ihr westasiatisch-nordafrikanischer Anteil von etwa 3 % ist das Erbe rebhuhnhalsiger Italiener, deren Input auf etwa ein Drittel modelliert werden kann.

Elsässer Hühner: Im Erscheinungsbild sehr ähnlich und sicherlich auch nah verwandt mit den Rheinländern sind die Elsässer Hühner, die in der südwestlich angrenzenden französischen Mittelgebirgsregion aus bodenständigen Landhühnern entstanden und ebenfalls rosenkämmig sind. Ihr Rosenkamm ist etwas gröber als jener der Rheinländer mit einem geraden oder nur wenig der Nackenlinie folgenden Dorn. Ihr Körper ist eleganter und weniger kastenförmig. Farbenschläge sind Schwarz, Goldhalsig, Blau-Gesäumt und Weiß.

Erscheinungsbild: Rheinländer zeigen eine kastenförmige Landhuhnform mit waagerechter Haltung, voller Befiederung und ausgeprägter Besichelung des Hahns. Sie haben weiße Ohrscheiben, je nach Farbenschlag schiefergraue bis fleischfarbige Läufe und tragen einen fein geperlten, der Nackenlinie folgenden Rosenkamm.

In einer Zuchtgruppe von Rheinländern fällt im Idealfall die üppige, kreisrund gebogene Schwanzbefiederung des Hahns als Erstes ins Auge, die man nur bei wenigen anderen Hühnerrassen in solch makelloser Ausführung findet. Am besten zur Geltung kommt diese Formvollendung bei den Schwarzen, die zudem durch ihren ausgeprägten Grünglanz und ihre breite Feder bestechen.

Die Farbenschläge:

- Kurz nach den Schwarzen erschienen Weiße, Rebhuhnhalsige, Gesperberte und Blau-Gesäumte unter jeweiliger Mitwirkung von Ramelslohern, rebhuhnhalsigen Italienern, Deutschen Sperbern und Andalusiern.
- In den späten 1960er-Jahren entstanden die Silberhalsigen mithilfe Westfälischer Totleger.
- In jüngster Zeit kamen noch Orangehalsige, Blau-Rebhuhnhalsige, Blau-Silberhalsige und Weiß-Schwarzcolumbiafarbige hinzu, wobei entweder bereits vorhandene Farbenschläge kombiniert oder die entsprechenden Farbvarianten der Italiener hinzugenommen wurden.

Leistungseigenschaften: Die Legeleistung variiert je nach Zuchtlinie im Bereich zwischen 140 und über 200 weißen, ca. 60 g schweren Eiern, wobei speziell die Schwarzen und Rebhuhnhalsigen gute Leistungen vorweisen können. Die Tiere verkörpern einen zähen Wirtschaftstypus mit aus heutiger Sicht extrem langer Nutzungsdauer und hervorragenden Anpassungen an das regionale Klima.

Wesenseigenschaften: Speziell die einfarbigen Varianten Schwarz, Weiß und Blau-Gesäumt sind im Vergleich zu vielen anderen Landhuhnrassen recht ruhig und zutraulich. Rheinländer sind aktive

Eine Gruppe schwarzer Zwerg-Rheinländerhennen.

Autor Armin Six mit seinem Zwerg-Rheinländer-Zuchthahn der einen wirklich beeindruckenden Grünlack zeigt.

Futtersucher, untereinander verträglich und zeigen keine problematischen Wesenseigenschaften.

Bruttrieb: Die Rasse gilt allgemein als Nichtbrüter, doch treten in verschiedenen Zuchten vereinzelt auch brütende Hennen auf.

Empfehlungen für Zucht und Haltung: Aufgrund ihres unproblematischen Wesens stellen Rheinländer keine besonderen Ansprüche an ihre Haltungsbedingungen. Sie sind robust und langlebig, die Befruchtungs- und Schlupfraten sind gut und die Aufzucht gelingt im Normalfall problemlos. Rheinländer sind zwar generell flugfähig, machen von dieser Fähigkeit jedoch nur selten Gebrauch, z. B. wenn sie sich stark erschrecken. Um den Charakter der Rheinländer als „Prototyp" des westeuropäischen Landhuhns zu erhalten, sollte auf Einkreuzungen, speziell von Rassen asiatischer Herkunft, grundsätzlich verzichtet werden. Dies gilt besonders für den ursprünglichen schwarzen Farbenschlag.

Zwergform: Die Verzwergung der Schwarzen Rheinländer begann 1916 mit einem Hahn der Großrasse und Landzwerghennen, die im Habitus den Vorfahren der Deutschen Zwerghühner ähnelten. Darunter befand sich auch eine sehr dunkle Henne mit Rosenkamm, aus deren Nachzucht ein Hahn fiel, der bereits alle Merkmale der Zwerg-Rheinländer verkörperte. Nach fünfjähriger Zuchtarbeit mit diesem Hahn konnte die Rasse 1921 präsentiert werden.

Die weiteren Farbenschläge:

- Weiß, Blau-Gesäumt, Rebhuhnhalsig und Gesperbert entstanden vorwiegend in den 1950er und 1960er Jahren, wobei wahlweise Zwerg-Italiener, Deutsche Zwerghühner, Zwerg-Reichshühner und Tiere der Großrasse behilflich waren.
- Jüngeren Datum sind die Silberhalsigen, an deren Entstehung Zwerg-Italiener, Zwerg-Kraienköppe und Landzwerghühner aus den Niederlanden mitwirkten, sowie die Kennfarbigen, Blau-Rebhuhnhalsigen und Blau-Silberhalsigen, die aus der Kombination bereits vorhandener Farbvarianten hervorgingen.

Für die Zwergform gilt im Wesentlichen, was auch für die Großrasse gesagt wurde. Aufgrund der geringeren Größe neigt sie jedoch mehr zum Fliegen. Die Legeleistung liegt zwischen 120 und 160 weißen Eiern mit einem Gewicht von 35–45 g. Brütende Hennen sind speziell bei den Gesperberten nicht selten, können jedoch vereinzelt auch bei den Schwarzen auftreten.

Zwerg-Elsässer: Auch von den nah verwandten Elsässer Hühnern gibt es eine Zwergform, die in ihren Wesens- und Leistungsattributen den Zwerg-Rheinländern ähnelt, jedoch deutlich seltener ist. Sie wird in denselben Farben gezüchtet wie die Großform.

Bild 1: Die umgekippten Schlotterkämme und die übergroßen, weißen Ohrscheiben sind rassetypisch für legereife Minorka-Hennen.

Bild 2: Die schwarzen Minorka genießen den Sommer im grünen Auslauf. Diese Hühner gelten zurecht als gute Futtersucher.

Bild 3: Hier sind halbwüchsige Hähne und Hennen der weißen und schwarzen Minorka zu sehen. Fotos © Marcel Weber

Minorka

Das hervorstechende Rassemerkmal der spanischen Minorka sind die reinweißen übergroßen Ohrscheiben, die aus dem zumeist tiefschwarzen Gefieder unübersehbar herausleuchten. Die ebenfalls überdurchschnittlich großen Kämme und Kehllappen sorgen für weitere, spannende Farbkontraste, die den Reiz dieser alten Landhuhnrasse ausmachen.

Übertroffen werden sie in dieser Hinsicht nur noch von ihren nahen Verwandten, den Spaniern, bei denen neben den Ohrscheiben auch große Bereiche der Gesichtshaut weiß eingefärbt sind. Ihr Gesicht wirkt daher wie eine Clownsmaske.

Herkunft und Entstehung: Die Vorfahren der Minorka waren Landhühner der Baleareninsel Menorca, die um 1780 nach England gebracht und dort als Rasse gefestigt wurden. Hier galten sie wegen ihrer ausgezeichneten Legeleistung zunächst als reines Nutzhuhn, bevor sich die aufkommende Ausstellungszucht ihrer annahm und ihnen zu einer Popularität verhalf, die in dieser Form bis heute einzigartig ist. So gab es zu Beginn des 20. Jahrhunderts nicht weniger als sechs Spezialklubs, deren Züchter anlässlich der Chrystal Palace Show 1924 unglaubliche 6.530 Tiere präsentierten (WANDELT & WOLTERS 1996). In den 1870er-Jahren kamen Minorka auch nach Deutschland, wo sie einen vergleichbaren Siegeszug antraten: Fast 500 Mitglieder zählte der betreuende Verein Anfang des 20. Jahrhunderts und ebenso viele Schauexemplare waren bei einer Spezialschau in Unna 1910 zu sehen. Danach ging es mit der Rasse weltweit bergab, was mit züchterischen Übertreibungen wie überhohe Stellung, stark abschüssige Haltung und überdimensionierte Kopfpunkte einherging. Heute ist sie in den meisten Ländern als selten einzustufen und selbst auf den größeren Geflügelschauen sucht man sie meist vergebens.

In der Neighbor-Joining-Anaylse bilden die Minorka zusammen mit den Kastilianern einen eigenen Zweig innerhalb der west- und mitteleuropäischen Rassen, dem auch die Deutschen Sperber, Bergischen Schlotterkämme und Krüper angehören, also Rassen, die züchterisch von ihnen beeinflusst wurden.

Die Admixture-Analyse bescheinigt den Minorka einen komplett europäischen Genpool und weist sie so als „Prototyp" des ursprünglichen spanischen Landhuhns aus.

Erscheinungsbild: Minorka sind kräftige, gut mittelhoch gestellte Hühner mit gerundeter Rechteckform, langem, breitem Rücken, stolzer, aufgerichteter Haltung und voller, langer Befiederung. Sie tragen meist einen großen, der Nackenlinie folgenden Einfachkamm, werden aber auch mit Rosenkamm gezüchtet. Die großen, ovalen Ohrscheiben sind substanzvoll und weiß.

Neben den bekannteren Schwarzen gibt es Minorka auch im weißen Farbenschlag. Bei ihnen sind die ansonsten fast schwarzen Läufe fleischfarbig.

Leistungseigenschaften: Minorka waren früher mit Leistungen von über 200 Eiern vergleichbar mit anderen zeitgenössischen Legerassen wie etwa den rebhuhnhalsigen Italienern, die später ihr Erbe als „weltweit bestes Legehuhn" antraten. Aktuell variiert die Legeleistung zwischen 130 und 170 weißen, mindestens 60 g schweren Eiern, wobei sich besonders die einfachkämmigen Schwarzen positiv hervortun.

Wesenseigenschaften: Wie alle Landhühner sind auch Minorka lebhaft, aber ähnlich wie die Rheinländer vergleichsweise ruhig und zutraulich. Genau wie diese sind sie aktive Futtersucher, untereinander verträglich und ohne problematische Wesenseigenschaften. Sie sind zwar generell flugfähig, machen von dieser Fähigkeit aber nicht allzu oft Gebrauch.

Bruttrieb: Minorka gelten allgemein als Nichtbrüter.

Empfehlungen für Zucht und Haltung: Minorka stellen grundsätzlich keine besonderen Ansprüche an ihre Haltungsbedingungen. Wie bei allen Landhühnern ist jedoch ein großer Auslauf empfehlenswert. Im Winter dürfen die Ställe nicht zu kalt und feucht sein, denn sonst kann sich Kondenswasser an Kämmen und Kehllappen bilden, was im Extremfall zu Erfrierungen führt.

Um den Charakter der Minorka als „Prototyp" des spanischen Landhuhns zu erhalten, sollte auf Einkreuzungen, speziell von Rassen asiatischer Herkunft, grundsätzlich verzichtet werden.

3

Fotos © Marcel Weber

Zwergform: Die Verzwergung der Minorka erfolgte unabhängig voneinander in England und Deutschland. Ausgangsbasis der deutschen Zucht waren um die 1920er-Jahre ein schwarzer Hahn der Großrasse und goldhalsige Deutsche Zwerghennen. Die stets selten gebliebenen Weißen kamen 1977 hinzu, Rosenkämmige wurden in den 1980er-Jahren mithilfe von Zwerg-Rheinländern erzüchtet.

Zwerg-Minorka sind frohwüchsig, widerstandsfähig und stellen keine besonderen Ansprüche an Auslauf, Stall und Futter. Ebenso wie die Großrasse sind sie Nichtbrüter. Die Legeleistung liegt im Bereich von 110 bis 140 weißen, mindestens 35 g schweren Eiern.

Zwerg-Minorka verkörpern die Attribute der Großform und sind vom Wesen her überaus lebhaft.

Foto © Reto Giacometti

Deutsche Sperber

Das Bundesland Nordrhein-Westfalen darf aus heutiger Sicht getrost als Hotspot der deutschen Hühnerzucht gelten. Viele als „typisch deutsch" betrachtete Hühnerrassen stammen von hier, wie etwa Rheinländer, Westfälische Totleger, Krüper, Bergische Schlotterkämme oder Bergische Kräher. Auch die Deutschen Sperber, die genau wie die Rheinländer eine klar überlieferte Zuchtgeschichte vorweisen können, dürfen offiziell als nordrhein-westfälische Schöpfung gelten, wenngleich ihre Ahnen einen teilweise multinationalen Hintergrund haben.

Herkunft und Entstehung: Die Herauszüchtung der Deutschen Sperber begann im Jahr 1900, als der Duisburger Geflügelzüchter Otto Trieloff seine gesperberten Italiener „verbessern" wollte. Zu diesem Zweck setzte er Kreuzungen aus Plymouth Rocks und Minorka in seine Zucht ein, bis ihn schließlich eine 1903 angefallene Henne im Minorkatyp dazu motivierte, Minorka im gesperberten Farbenschlag zu erzüchten. Durch weitere Hinzunahme von Minorka, aber auch Grauen Schotten und gesperberten „Leiendeckern" – ein zu den Bergischen Schlotterkämmen gerechneter Landhuhnschlag – konstituierte er den neuen Farbenschlag, der rasch Verbreitung fand und alsbald vom 1907 gegründeten Spezialklub betreut wurde.

1917 veranlasste der Klub eine Umbenennung in „Deutsche Sperber" und eine Neuausrichtung der Zucht zu einem schlichteren Landhuhntyp. Um dieses Ziel zu erreichen, wurde nun erneut auf gesperberte Leiendecker zurückgegriffen, und es dauerte mehrere Jahre, bis der neue Typ gefestigt war.

In der Neighbor-Joining-Analyse gehören die Deutschen Sperber zur Verwandtschaftsgruppe der Bergischen Schlotterkämme und Krüper, die mit den Minorka und Kastilianern einen eigenen Zweig innerhalb der westeuropäischen Rassen bilden. Das macht einerseits den Einfluss der Minorka auf alle diese drei Rassen deutlich, zeigt aber auch, welch großen Beitrag die Leiendecker zur Entstehung der Deutschen Sperber geleistet haben. Die Admixture-Analyse lässt zudem einen asiatischen Genanteil von 25 % erkennen, der anschaulich die Beteiligung der Plymouth-Rocks widerspiegelt.

Die in früheren Untersuchungen ermittelte Nähe zu den Rheinländern (GRANEVITZE et al. 2009) könnte zudem auf eine basale Verwandtschaft der Leiendecker mit den Eifeler Landhühnern als Vorfahren der Rheinländer hindeuten.

Erscheinungsbild: Deutsche Sperber verkörpern eine kräftige Landhuhnform auf gut mittelhoher Stellung mit voller und langer Befiederung. Sie haben einen mittelgroßen Einfachkamm, weiße Ohrscheiben und fleischfarbige Läufe.

Einziger Farbenschlag ist Gesperbert. Bei der Sperberung ist jede Feder in mehrfachem Wechsel von Schwarz und Lichtblau leicht bogig quer

Bild 1: Deutsche Sperber sind eine traditionelle Landhuhnrasse aus Nordrhein-Westfalen, die früher auch als Rheinischer Sperber bekannt war.
Bild 2: Bis zu 3 kg kann ein ausgewachsener Deutscher Sperber-Hahn auf die Waage bringen.
Bild 3: Die Deutsche Sperber-Henne (links) ist hier, deutlich sichtbar, gröber gesperbert als der Hahn (rechts).

Eine typische Deutsche Zwerg-Sperberhenne.

gebändert. Sie beruht auf dem dominanten Sperberfaktor B, der geschlechtsgebunden ist und daher beim Hahn zweimal, bei der Henne aber nur einmal vorliegt. Aus diesem Grund sind die Hähne heller gesperbert als die Hennen, bei denen die dunklen Federteile etwas breiter sind als die hellen. Der Sperberfaktor wirkt sich auch auf die Dunenfärbung der Küken aus. Hahnenküken sind heller als die Hennenküken und haben einen deutlichen hellen Fleck auf dem Hinterkopf, der bei Letzteren nicht oder nur schwach ausgebildet ist. Daher kann man die Küken bereits am ersten Tag gut unterscheiden.

Leistungseigenschaften: Mit einer Legeleistung von 160 bis 180, maximal sogar bis über 200 Eiern gehören die Deutschen Sperber zusammen mit den Rheinländern zu den besten heimischen Legehühnern. Die Eier sind weiß und wiegen zwischen 55 und 60 g.

Wesenseigenschaften: Im Vergleich zu vielen anderen Landhuhnrassen gelten Deutsche Sperber als ruhige und ausgeglichene Hühner, die bei gutem Umgang vonseiten des Züchters handzahm werden. Sie sind robust, gute Futtersucher und fliegen nur wenig.

Bruttrieb: Der Bruttrieb ist nur gering ausgebildet.

Empfehlungen für Zucht und Haltung: Deutsche Sperber stellen aufgrund ihrer unproblematischen Wesenseigenschaften keine besonderen Ansprüche an ihre Haltung. Bei der Zucht sollten besonders die positiven Wesens- und Leistungsattribute Berücksichtigung finden.

Zwergform: Deutsche Zwerg-Sperber wurden in den 1960er-Jahren aus einem Hahn der Großrasse, schwarzen Deutschen Zwerghennen und Zwerg-Rheinländern erzüchtet. Die Anerkennung erfolgte 1974. Die Tiere sind lebhaft, nicht scheu und können wie die Großrasse zutraulich werden. Aufgrund ihrer geringeren Größe sind sie naturgemäß etwas flugtüchtiger.

Auch Deutsche Zwerg-Sperber sind sehr gute Legehühner, die jährlich mit 130 und 150 weißen, 35 bis 40 g schweren Eiern aufwarten können.

Augsburger

Das Augsburger Huhn galt in der Ausstellungszucht lange Zeit als schwierige Hühnerrasse, die sich ausschließlich für den fortgeschrittenen Züchter eignet. Zustande kam dieser Status allein durch ein Spezialmerkmal der Rasse, den fast königlich anmutenden Kronenkamm. Kronenkämme waren und sind nur schwer in perfekter Ausführung zu züchten. Bei dieser Rasse gibt es sie gleich in zwei Varianten mit unterschiedlichem Vererbungsmodus: Neben der ursprünglichen, spalterbigen Form wurde mithilfe der Sizilianischen Kronenkämme (Siciliana) auch eine reinerbige Linie etabliert, was allerdings nicht nur positive Resonanz hervorrief. Denn, so hieß es, wertvolle Gene würden hierdurch verloren gehen und die reinerbigen Augsburger wären auch keine „echten Augsburger" mehr.

Herkunft und Entstehung: „Echt augsburgerisch" oder gar „urbayerisch" waren die Augsburger jedoch nie, denn auch die ursprüngliche

Zuchtlinie stammt von italienischen (Lamotta) und französischen Hühnerrassen (La Flèche) ab, nicht jedoch von bodenständigen bayerischen Landhühnern. Augsburger heißt die Rasse allein deshalb, weil die Kombination dieser beiden Komponenten im Augsburg der 1870er-Jahre erfolgte.

Hintergrund war, dass der La-Flèche-Züchter Julius Meyer seine Tiere widerstandsfähiger machen wollte und sie zu diesem Zweck mit den schwarzen, einfachkämmigen und dunkelläufigen, im Habitus an Kastilianer erinnernden Lamotta kreuzte. An den Kronenkamm hatte er zu diesem Zeitpunkt in keinerlei Weise gedacht und war daher umso erstaunter, als sämtliche Nachzuchttiere diese Kammform zeigten. Das war die Geburtsstunde der Augsburger, die jedoch stets selten blieben und im Lauf der Zeit mit verschiedenen anderen Rassen, wie Rheinländern, Kastilianern oder sogar Australorps, „aufgefrischt" wurden.

Nach den Schwarzen erschienen zwischen 1880 und 1890 auch Weiße, die jedoch wieder verschwanden. Die ebenfalls anerkannten Blauen wurden in den 1950er-Jahren in der damaligen DDR hervorgebracht.

Die reinerbige Linie entstand in beiden Farbvarianten zu Beginn der 2000er-Jahre mithilfe der bereits genannten Sizilianer, den zu diesem Zeitpunkt bereits reinerbigen Zwerg-Augsburgern und schwarzen Sachsenhühnern, die zur Verbesserung der Form hinzugenommen wurden.

Bild 1: Dieser Althahn ist ein typvoller Vertreter der noch relativ jungen reinerbigen Zuchtlinie des Augsburger-Huhns.

Bild 2: Der zahlenmäßig wichtigste Farbschlag beim Augsburger-Huhn ist Schwarz.

Bild 3: Der zweispurige Kronenkamm verleiht diesem typvollen Augsburger-Hahn das gewisse Etwas.

Bild 4: Ein spalterbiger Augsburger-Junghahn mit intensivem Grünlack im Gefieder.

Erscheinungsbild: Augsburger präsentieren sich als mittelhoch gestellte Landhühner mit leicht abfallender Haltung, voller und langer Befiederung, weißen Ohrscheiben und schiefergrauen Läufen.

Charakteristisches Merkmal ist der Kronenkamm, der sich nach der ersten oder zweiten Zacke teilt und so eine Becher- oder Kronenform annimmt, die im hinteren Kammabschnitt wieder geschlossen erscheint. Er entstand bei den spalterbigen Linien als „Kreuzungsneuheit" aus dem Hörnerkamm der La Flèche und dem Einfachkamm der Lamotta.

Die Ausbildung des Hörnerkamms beruht allem Anschein nach auf zwei Genorten, von denen einer die Anzahl und der andere die Form der Kammblätter determiniert. Die Doppelkammanlage D ist dabei dominant über die einreihige Kammblattausbildung d^+, während die Mutation für die Hörnerform, nennen wir sie hier v, rezessiv gegenüber dem Wildtyp V^+ ist, in diesem Fall also dem gezackten Einfachkamm. Daraus folgt, dass bei der Verpaarung von Hörnerkamm (DD vv) und Einfachkamm (d^+d^+ V^+V^+) der doppelte Einfachkamm, also der Kronenkamm, entsteht (Dd^+ vV^+).

Würden diese beiden Genorte unabhängig voneinander vererbt, wären bei Verpaarung der spalterbigen Nachkommen reinerbig kronenkämmige Tiere mit dem Genotyp DD V^+V^+ zu erwarten. Da dies jedoch bei den ursprünglichen Augsburgern nicht der Fall ist, liegt hier wohl eine Kopplung dieser beiden Genorte vor, die dazu führt, dass immer nur Keimzellen mit der Kombination D/v und d^+/V^+ gebildet werden, die beiden Genorte sich also wie ein einziger Genort verhalten.

Tritt jedoch ein Kopplungsbruch ein, werden zusätzlich Keimzellen mit den neuen Kombinationen D/V^+ und d^+/v gebildet. Treffen nun in der weiteren Generationenfolge Tiere mit der Kombination D/V^+ aufeinander, entsteht als neue Variante der reinerbige Kronenkamm DD V^+V^+, wie er vermutlich bei den Sizilianern und den ägyptischen Dandarawi vorliegt. Genetisch von gleicher Konfiguration dürfte auch der Schmetterlingskamm der Houdan sein.

Bild 5: Ein Zwerg-Augsburger-Hahn mit perfektem Kamm. Zwerg-Augsburger sind ausgesprochen selten und stehen kurz vor dem Aussterben.

Bild 6: Schwarze Augsburger-Küken zeigen häufig Weißanteile im Brustbereich und an den Flügeln, die später jedoch wieder verschwinden.

Nach diesem Modell beruht der unterschiedliche Vererbungsmodus des Kronenkamms bei den verschiedenen Linien der Augsburger also nicht auf verschiedenen Erbanlagen, sondern lediglich auf unterschiedlicher Kopplung.

Leistungseigenschaften: Die Legeleistung der Augsburger bewegt sich zwischen 130 und 180 weißen Eiern mit einem Mindestgewicht von 58 g.

Wesenseigenschaften: Wie alle Landhuhnrassen sind auch die Augsburger aktive Tiere und eifrige Futtersucher, die einen entsprechenden Platzbedarf haben. Die Hähne gelten als wachsame und gute Beschützer.

Bruttrieb: Augsburger sind überwiegend Nichtbrüter. Nur vereinzelt kommt es vor, dass Hennen brüten. Nach vielfachen Beobachtungen langjähriger Augsburger-Züchter lassen sich brutwillige Augsburgerhennen auch leicht wieder „entglucken" bzw. sie sind anfällig für jegliche Störung während der Brut.

Empfehlungen für Zucht und Haltung: Für Diskussionen sorgt nach wie vor die Einkreuzung der Sizilianer, die zur Ausbildung von zwei „Lagern" innerhalb der Züchterschaft geführt hat. Grundsätzlich sollte das Ziel jedoch sein, die Spalterbigkeit des Kronenkamms zu überwinden, da sie sicher das größte Hindernis bei der Verbreitung der Rasse darstellt. Einem Allelverlust bzw. einer genetischen Überformung der ursprünglichen Augsburger kann mit einer sorgfältigen Zuchtbuchführung effektiv entgegengewirkt werden.

Zwergform: Die Erzüchtung der Zwerg-Augsburger begann Ende der 1950er-Jahre in Augsburg aus der Großrasse, Deutschen Zwerghühnern und Zwerg-Italienern. Der einzige Farbenschlag ist Schwarz.

Bei ihnen wurden zur Erzielung reinerbiger Kronenkämme schon kurz nach der Anerkennung im Jahr 1975 Einkreuzungen von Sizilianern vorgenommen, sodass sie heute komplett reinerbig sind.

Charakterlich gelten sie als überaus lebhaft. Die Legeleistung der Zwerg-Augsburger variiert je nach Zuchtlinie zwischen 70 und 120 weißen Eiern mit einem Mindestgewicht von 38 g.

Bild 1: Lakenfelder mit blauer Gipfelzeichnung sind eine Rarität. Aufgrund der Spalterbigkeit von Blau ist auch eine splashfarbige Henne in diesem Stamm zu sehen.

Bilder 2 und 3: Die weißen Ohrscheiben der Lakenfelder sprechen dafür, dass diese Hühner weiße Eier legen.

Fotos © Lukas Schalk

Lakenfelder

Es gibt in der Hühnerwelt einige Zeichnungsmuster, die so markant sind, dass man sie automatisch bestimmten Rassen zuordnet. Die sogenannte „Gipfelzeichnung" ist hierfür ein Paradebeispiel, denn sie scheint ausschließlich für das Lakenfelder-Huhn und das Vorwerkhuhn reserviert zu sein.

Herkunft und Entstehung: Geschichtlich betrachtet sind die Lakenfelder die wichtigsten Vorfahren der Vorwerkhühner und damit natürlich auch die ältere Rasse von beiden. Erstaunlicherweise ist man sich bis heute nicht einig, ob es sich bei ihnen nun um eine deutsche oder eine niederländische Züchtung handelt. Eine Version ihrer Herkunftsgeschichte besagt, dass die ältesten Vorläufer Anfang des 19. Jahrhunderts in der Nähe des Dümmer Sees aus den Vorfahren der Westfälischen Totleger, Campinern (hennenfiedrige Brakel) und Zottegems (schwarzhalsige Brakel) hervorgegangen seien. Nach niederländischer Auffassung ist hingegen die südlich von Utrecht gelegene Bauernschaft „Lakerveld" der

Ursprungsort der Rasse, von wo sie bereits 1727 beschrieben wurde. Hinzu kommt, dass sich in den Niederlanden zusätzlich ein Pate findet, der für die Namensgebung infrage käme, und zwar das „Lakenvelder Rind". Lakenvelder Rinder werden, sei es nun Zufall, ebenfalls durch eine dreiteilige Schwarz-Weiß-Schwarzfärbung charakterisiert. Bei ihnen soll es zum Rassenamen gekommen sein, weil sie wie schwarze Kühe aussehen, denen man ein weißes Laken über den Rücken gelegt hat. Die Hühner könnten ihren Namen also auch über den Umweg dieser Rinder erhalten haben. Aber wo sie nun genau herkommen, erklärt dies am allerwenigsten.

Die plausibelste Theorie und gleichzeitig eine Synthese beider Herkunftsgeschichten liefern Rüdiger Wandelt und Josef Wolters 1996 im „Handbuch der Hühnerrassen". Danach wurde die Rasse von den damals zahlreichen westfälischen Landarbeitern aus den Niederlanden nach Westfalen gebracht und avancierte dort zum einheimischen Kulturgut.

Und noch ein weiterer Umstand spricht für den niederländischen Raum: Die Zeichnung der Lakenfelder ist genetisch nah verwandt mit der Wachtelfarbe, wie sie z. B. im angrenzenden Belgien bei den Brabanter Bauernhühnern, Bassetten und Antwerpener Bartzwergen vorkommt. Die Wachtelfarbe beruht auf der Columbia-Zeichnung (e^b Co bzw. e^+ Co) und dem Eumelanin-Verstärker Ml (Melanotic). Ebenfalls auf Columbia-Basis ist die Lakenfelder-Zeichnung angelegt, doch kommt hier ein anderer Eumelanin-Verstärker, vermutlich der Faktor Cha (Charcoal), zum Tragen (e^b Co Cha).

Wie dem auch sei, wir möchten die Lakenfelder hier als deutsch-niederländische Rasse betrachten und freuen uns darüber, dass beide Länder sich stark um deren Erhaltungszucht bemühen.

Schaut man sich die Ergebnisse der Admixture-Analyse an, spricht die Clusterung der Lakenfelder für eine Kombination von Sprenkelhühnern und mitteleuropäischen Rassen. So ist bei ihnen das Osteuropäische Cluster zwar geringer ausgeprägt als bei den Sprenkelhühnern, jedoch deutlich höher als bei indigenen mitteleuropäischen Landhühnern wie Rheinländern, Bergische Schlotterkämmen oder Krüpern. Um welche Rassen es sich bei ihren Vorfahren im Einzelnen gehandelt hat, muss aber nach wie vor offenbleiben. Zum Genpool hinzu kam später noch, zumindest in Deutschland, das Chinesische Cluster mit einer Frequenz von etwa 20 %. Es repräsentiert die in jüngerer Zeit vorgenommene Einkreuzung Weiß-Schwarzcolumbiafarbiger Sussex. *Siehe Grafik!*

Erscheinungsbild: Lakenfeder repräsentieren einen gestreckten Landhuhntyp mit voller, langer Befiederung, Einfachkamm, weißen Ohrscheiben und blauen Läufen.

Sie gehören fraglos zu den prachtvollsten Erscheinungen der mitteleuropäischen Geflügelzucht und sind mit ihrer Schönheit perfekt dazu geeignet, auch Einsteiger für seltene Rassen zu begeistern.

Die Gipfelzeichnung ist für die optische Dreiteilung der Hühner optisch verantwortlich:

Genetische Zusammensetzung der Lakenfelder

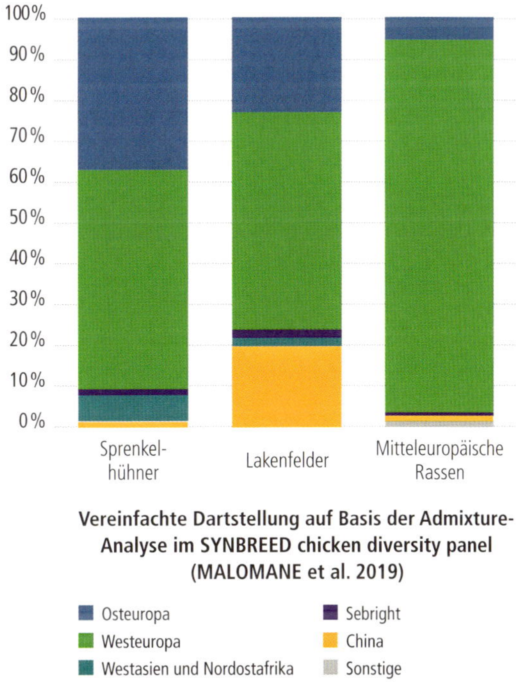

Vereinfachte Dartstellung auf Basis der Admixture-Analyse im SYNBREED chicken diversity panel (MALOMANE et al. 2019)

Bild 4: Eine typvolle Lakenfelder-Henne mit blauer Gipfelzeichnung.
Bild 5: Lakenfelder-Henne mit schwarzer Gipfelzeichnung.

- Kopfgefieder und Halsbehang sind ebenso wie das Hinterteil tiefschwarz.
- Das dazwischenliegende Mantelgefieder ist bei den Lakenfeldern weiß (Silberfaktor S) und im Falle der Vorwerk goldgelb (Goldfaktor s^+).
- Verdeckt finden sich auch einige schwarze Federn in den Schwingen und die Hähne dürfen zudem schwarze Säume im Sattelbehang haben.

Leistungseigenschaften: Die Legeleistung variiert zwischen 120 und 150 weißen, 50 bis 55 g schweren Eiern pro Jahr.

Bild 6: Bei den Lakenfelder-Küken ist die markante, spätere Farbgebung zunächst noch nicht ersichtlich.

Wesenseigenschaften: Wie andere Hühner im Landhuhntyp sind auch Lakenfelder agile Tiere mit lebhaftem Temperament. Sie sind eifrige Futtersucher und flugfähig. Handzahm werden sie eher nicht.

Bruttrieb: Der Bruttrieb ist nur in geringem Umfang ausgebildet.

Empfehlungen für Zucht und Haltung: Wegen ihres lebhaften Wesens empfehlen sich Lakenfelder eher für große Ausläufe und weniger für kleine Volieren. Ihre Flugfähigkeit macht es jedoch erforderlich, bei der Höhe der Umzäunungen lieber etwas großzügiger zu kalkulieren. Die Aufzucht bereitet im Normalfall keine Probleme.

Zwergform: Nachdem die ersten niederländischen Zwerg-Lakenfelder den Zweiten Weltkrieg wohl nicht überlebten, geht die deutsche Population auf eine Züchtung zurück, die ab 1964 aus der Großrasse, Zwerg-Vorwerkhühnern und Deutschen Zwerghühnern der Varianten Schwarz und Weiß-Schwarzcolumbia vorgenommen wurde. In den 1950er-Jahren wurden Zwerg-Lakenfelder auch in den Niederlanden wieder erzüchtet, wobei hier neben der Großrasse wohl Bassetten und wachtelfarbige Antwerpener Bartzwerge beteiligt waren.

Für die Zwergform gilt im Wesentlichen alles, was auch für die großen Lakenfelder gesagt wurde.

Die Legeleistung bewegt sich im Bereich von 100 bis 140 weißen bis gelblich weißen Eiern mit einem Gewicht von mindestens 35 g.

Italiener und Leghorn

Noch vor 100 Jahren zählte das Italiener-Huhn zweifellos zu den besten Legerassen der Welt. Kein Wunder also, dass es in den Jahrzehnten danach bei der Herauszüchtung diverser Hochleistungs-Legelinien Verwendung fand, ironischerweise auch solcher, die es später von den Höfen wieder verdrängen sollten. Die berühmten „Weißen Leghorn" sind von ihrer Herkunft her betrachtet nämlich nichts anderes als sehr intensiv durchgezüchtete weiße Italiener.

Trotzdem gibt es auch heute noch die klassischen rebhuhnhalsigen Italiener alter Tage, deren kunterbunter Hahn einst so manche Osterpostkarte zieren durfte. Als genügsame, lebhafte Bauernhofhühner, die sich bestens für die Freilandhaltung ohne Zaun eignen, waren sie einst in Bayern sogar so beliebt, dass man sie dort inzwischen als bodenständige Rasse betrachtet und beispielsweise auch in Freilichtmuseen wie dem Höfemuseum Glentleiten neben anderen alten Rassen zeigt.

Der Name „Italiener" beschreibt lediglich die deutsche Version des italienischen Landhuhns, das international unter dem Namen „Leghorn" geführt wird und für das in verschiedenen Län-

Bild 1: Rebhuhnhalsig ist der wichtigste Farbschlag bei den Italienern. Hier ist auch gut die üppige Schwanzbefiederung der Italiener-Hennen zu sehen.
Bild 2: Der farbenbunte und üppig befiederte Italiener-Hahn des Farbschlags Rebhuhnhalsig ist für viele Hühnerfans der Inbegriff eines prächtigen Gockels.
Bild 3: Italiener-Henne im Farbschlag Silberhalsig.
Bild 4: Der umgelegte, schlotternde Kamm ist ein typisches Rassemerkmal des Italiener-Huhns.

1

2

4

3

dern unterschiedliche Zuchtrichtungen etabliert wurden. Daher sollen hier Italiener und Leghorn gemeinsam betrachtet werden.

Herkunft und Entstehung: Die Grundlage der heutigen Italiener bzw. Leghorn bilden norditalienische Landhühner, die ab Mitte des 19. Jahrhunderts in verschiedene Länder der neuen und alten Welt importiert wurden. Diese Ausfuhr erfolgte zum nicht unbeträchtlichen Teil über den Hafen von Livorno (englisch Leghorn), was der Rasse letztlich ihren internationalen Namen einbrachte. Nach Deutschland, wo sie als Italiener bezeichnet wurden, gelangten diese Hühner 1870 auf dem Landweg über die Schweiz und wenig später, nämlich 1872/1873, aus den USA über die Zwischenstation England. Dass in Mitteleuropa auch Leghorn gezüchtet werden, ist der seit etwa 1850 etablierten amerikanischen Zuchtlinie weißer italienischer Landhühner zu verdanken, die um ca. 1910 nach Europa kam. Im deutschsprachigen Raum wird sie seither, sicher auch als Abgrenzung zu den bereits vorhandenen Italienern, unter ihrem originären Namen Leghorn geführt.

Trotz des zu vermutenden gemeinsamen Ursprungs sprechen genetische Typisierungen der rebhuhnhalsigen und schwarzen Italiener sowie der weißen Leghorn nicht für eine nahe Verwandtschaft, was jedoch aus unterschiedlichen Einkreuzungen nach deren Etablierung als Farbenschläge bzw. Rassen resultieren dürfte. So ist z. B. bekannt, dass zur Festigung des Farbbilds der silberhalsigen Italiener Dorking herangezogen wurden, was sie bis heute zu den größten Vertretern der Itali-

Verwandtschaftsbeziehungen

der vier im SYNBREED chicken diversity panel typisierten italienischen Hühnerrassen (Leghorn, Italiener rebhuhnhalsig, Italiener schwarz und Sizilianische Kronenkämme)

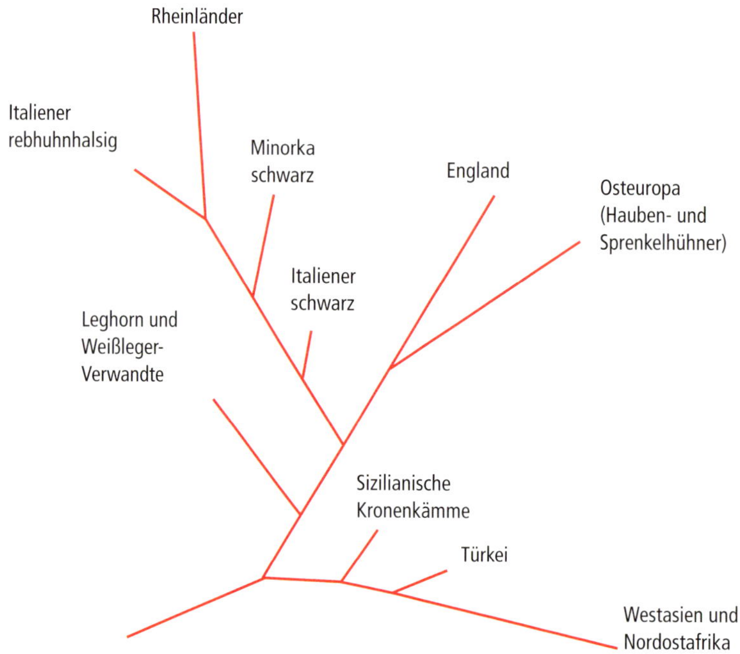

Neighbor-Joining-Dendrogramm vereinfacht nach MALOMANE et al. (2019).

Bild 5: Auch die lebhaft gefärbten Leghorn Exchequer zählen zum großen Verwandtschaftskreis des Italiener-Huhns.

Bild 6: Umgelegter, schlotternder Kamm bei einer Leghorn Exchequer-Henne.

ener-Familie macht und die Schwarzen aus ähnlichen Gründen einen deutlichen Minorka-Input erhielten.

Konkret zeigen die Ergebnisse der Neighbor-Joining-Analyse eine große Nähe der Rebhuhnhalsigen zu den Rheinländern, während die Schwarzen eine intermediäre Stellung zwischen den Minorka und den weißen Leghorn einnehmen. Diese wiederum bilden zusammen mit den übrigen Weißleger-Verwandten einen eigenen Zweig, der sich zwischen den westasiatisch-nordafrikanischen und den west- sowie osteuropäischen Rassen eingruppiert.

Die Einordnung der Leghorn erscheint aufgrund der geografischen Lage Italiens plausibel. In diesen Kontext passt auch, dass für süditalienische Rassen wie die Sizilianischen Kronenkämme (Siciliana) ein noch stärkerer westasiatischer Bezug erkennbar wird. Es spricht deshalb einiges dafür, dass die weißen Leghorn jener Urform am nächsten stehen, die im 19. Jahrhundert aus Norditalien weltweit exportiert wurde, während die rebhuhnhalsigen Italiener deutscher Zuchtrichtung möglicherweise unter dem Einfluss mitteleuropäischer Landhühner herausgebildet wurden.

Für einen generell stärkeren westasiatischen Bezug der italienischen Rassen spricht zudem, dass die schwarzen und rebhuhnhalsigen Italiener trotz des möglichen west- und mitteleuropäischen Einflusses mit 10 bis 15 % einen höheren westasiatisch-nordafrikanischen Anteil zeigen als alle anderen europäischen Rassen. *Siehe Grafik!*

Unabhängig davon legen die Distanzen zwischen den verschiedenen Farbenschlägen der Italiener nahe, sie aus genetischer Sicht als eigene Rassen zu betrachten. Zusätzlich verstärkt wurde diese Differenzierung noch durch die Herauszüchtung zahlreicher neuer Farbvarianten, für die gänzlich unverwandte Rassen wie Rhodeländer, Sussex oder Wyandotten Pate standen.

Ancona

Zum Kreis der Italiener bzw. Leghorn können auch die schwarz-weißgescheckten Ancona gezählt werden. Sie sind norditalienischen Ursprungs, wurden über den Hafen von Ancona 1851 nach England verbracht und gelangten 1888 in die USA. Dort, ebenso wie in den Niederlanden, „übernehmen" sie die Rolle der schwarz-weißgescheckten „Leghorn",

Bild 7: Hinter der Scheckung der Leghorn Exchequer steckt der Pied-Faktor. Der Schwarzanteil im Gefieder sollte nie höher als der Weißanteil sein.

während sie in Deutschland, wo diese Farbvariante von den Italienern „besetzt" wird, bislang nicht etabliert werden konnten. Die als ausgezeichnetes Legehuhn geltende Rasse wird sowohl in einfachkämmig als auch rosenkämmig gezüchtet.

Erscheinungsbild: Italiener sind elegante Landhühner mit gestrecktem Körper, harmonischer Linienführung und voller, reicher Befiederung. Sie haben gelbe Läufe, weiße bis cremefarbige Ohrscheiben und kommen vorwiegend mit relativ großem, der Nackenlinie folgendem Einfachkamm vor, werden aber auch mit Rosenkamm gezüchtet.

Ebenso wie die Hähne zeigen auch die Hennen eine hohe Eleganz, sind leichtfüßig gebaut und tragen ihr Schwanzgefieder breit gefächert, was gut mit dem großen, zur Seite fallenden Schlotterkamm harmoniert.

Es sind 22 Farbenschläge anerkannt:

- Rebhuhnhalsig, Goldfarbig, Silberfarbig, Orangehalsig
- Blau-Rebhuhnhalsig, Blau-Goldfarbig, Perlgrau-Orangehalsig, Rotgesattelt
- Schwarz, Weiß, Blau, Gelb, Rot
- Gestreift, Kennfarbig
- Schwarz-Weißgescheckt, Blau-Weißgescheckt, Goldbraun-Porzellanfarbig
- Gold-Schwarzgesäumt, Gold-Blaugesäumt, Gold-Weißgesäumt
- Weiß-Schwarzcolumbia

Dabei waren die Goldfarbigen zunächst die Hennenzuchtlinie der Rebhuhnhalsigen, bevor man die beiden Linien aus pragmatischen Gründen in zwei Farbenschläge differenzierte.

Die Leghorn unterscheiden sich von den Italienern hauptsächlich durch den nicht der Nackenlinie folgenden Kamm. Auch sind sie etwas kürzer im Rücken und zeigen eine höhere Schwanzhaltung. Sie werden in Europa nur mit Einfachkamm gezüchtet. Bei Englischen und Niederländischen Leghorn kommt als weitere Farbvariante die Exchequer-Zeichnung hinzu. Bei ihr handelt es sich um eine Scheckung, die über die einzelne Feder hinausgehend ganze Gefiederbereiche betrifft. Sie trat 1904 in einem schottischen Bestand weißer Leghorn auf und beruht auf dem rezessiven Faktor Pied (pi).

Leistungseigenschaften: Aufgrund der unterschiedlichen Entwicklungsgeschichte der einzelnen Farbenschläge sind generelle Angaben zur Legeleistung der Italiener schwierig. Grundsätzlich ist sie im Bereich von 120 bis über 200 weißen Eiern einzuordnen, wobei die Maximalwerte besonders von den traditionell leistungsstarken Rebhuhnhalsigen erreicht werden. Das Eigewicht soll mindestens 55 g betragen, doch sind auch Gewichte von über 60 bis hin zu 75 g bekannt.

Die Legeleistung der Leghorn wird zumeist mit 200 weißen Eiern mit einem Gewicht von mindestens 55 g angegeben.

Bild 8: Die Zwerg-Italiener, hier in rebhuhnhalsig, sind sehr zierlich und feingliedrig.

Wesenseigenschaften: Sowohl Italiener als auch Leghorn sind lebhafte, wachsame Tiere, gute Futtersucher und prinzipiell auch flugfähig. Handzahm werden sie im Allgemeinen nicht. Unterschiede bestehen jedoch zwischen den einzelnen Farbenschlägen.

Bruttrieb: Beide Rassen gelten allgemein als Nichtbrüter.

Empfehlungen für Zucht und Haltung: Ebenso wie für die Leistungs- und Wesenseigenschaften sind auch hier pauschale Aussagen schwierig. Grundsätzlich gilt jedoch, dass beide Rassen genügsame, lebhafte Bauernhofhühner sind, die sich bestens für die Freilaufhaltung ohne Zaun eignen. Im abgegrenzten Auslauf sollten die Zäune wegen ihrer Flugfähigkeit nicht zu niedrig, im günstigsten Fall etwa 2 m hoch sein. Befruchtungs- und Schlupfraten sind im Allgemeinen gut, die Küken entwickeln und befiedern sich schnell und bereiten in der Aufzucht zumeist keine Probleme. Trotz ihrer optischen Reize sind die Italiener in der Welt des Rassegeflügels ganz klar Hochleistungssportler, und dem muss man als Halter Rechnung tragen.

Futter

Die teilweise sehr hohe Legeleistung kann den Stoffwechsel so stark beanspruchen, dass Italienern und Leghorn immer ausreichend Mineralstoffe und Vitamine bereitgestellt werden müssen.

Zwergformen

Zwerg-Italiener wurden in Deutschland erstmals 1920 in der rebhuhnhalsigen Variante gezeigt, von der jedoch nur die Goldfarbigen als damaliger Hennenzuchtlinie überlebten. Die Vorfahren dieser Tiere kamen wohl zum Teil aus England, genaue Informationen über ihre Entstehung liegen nicht vor. Im Lauf der Zeit kam es unter Zuhilfenahme weiterer Rassen, speziell auch der jeweiligen Großformen, zur Entwicklung zahlreicher Farbenschläge.

Das Farbschlag-Repertoire entspricht weitgehend dem der Großrasse, jedoch fehlen die Blau-Weißgescheckten, Gold-Schwarz- und Gold-Blaugesäumten. Hinzu kommen die Lachsfarbigen, Gelbsperber und Gelb-Weißgesäumten.

Alle Farbenschläge sind mit Einfach- oder Rosenkamm zugelassen.

Die Legeleistung ist im Bereich von 90 bis 180 weißen Eiern mit einem Mindestgewicht von 38 g einzustufen. Ansonsten treffen weitgehend die Attribute der Großrasse zu.

Zwerg-Leghorn sind amerikanischen Ursprungs und entstanden aus der Großrasse und langschwänzigen, gelbläufigen, nicht näher beschriebenen Zwerghühnern. Sie legen ca. 120 weiße Eier mit einem Mindestgewicht von 38 g. Im Gegensatz zur Großrasse ist bei ihnen der Bruttrieb gut ausgeprägt. Auch sind sie von zutraulichem Wesen.

Zwerg-Ancona

Zwerg-Ancona gibt es bereits seit 1910 in England. Mittlerweile werden sie auch in den USA und den Niederlanden, überwiegend mit Einfach-, teils aber auch mit Rosenkamm gezüchtet. In den Niederlanden gibt es neben der klassischen schwarz-weißgescheckten auch eine blau-weißgescheckte Variante.

Bild 9: Klassischer, amerikanischer Leghorn-Hahn in Weiß.

Bild 1: Proveis-Ultentaler-Hühner zeichnen sich durch die elegante, ausgewogene Landhuhnform aus.
Bild 2: Das Proveis-Ultentaler-Huhn wird traditionell als freilaufendes Wirtschaftshuhn auf Bergbauernhöfen in Norditalien gehalten.
Bild 3: Proveis-Ultentaler-Küken zeigen häufig das gestreifte Tarnkleid von Wildhühnern.
Bild 4: Die überwiegende Mehrheit der Proveis-Ultentaler-Hühner zeigt farblich eine Abwandlung der Wildfarbe, die von weizenfarbig bis dunkel-wildbraun variieren kann.

Proveis-Ultentaler

Während es noch vor 20 Jahren ausschließlich durch die gezielte Rassegeflügelzucht samt dem dazugehörigem Schauwesen möglich war, alte gefährdete Hühnerrassen einer breiteren Öffentlichkeit bekannt zu machen, haben sich durch das Internet heute völlig neue Möglichkeiten ergeben. Es gibt inzwischen mehrere Beispiele für alte Hühnerrassen, die einen nie dagewesenen Aufschwung erfahren konnten, weil hühnerbegeisterte Menschen sich unabhängig von Vereinen online in Foren organisiert haben. Vorwiegend betrifft das ursprüngliche Landschläge, die dann meistens auch nicht in farbreinen Stämmen gezüchtet werden, was die Zucht gerade für Neueinsteiger erheblich vereinfacht und spannend macht. Ein Paradebeispiel hierfür ist das Proveis-Ultentaler-Huhn aus Südtirol. Viele Jahrzehnte lang führte es ein Schattendasein, nahezu unbemerkt auf wenigen, abgelegenen Südtiroler Bergbauernhöfen. Die Tiere vermehrten sich selbstständig durch Naturbrut und konnten so lange genug überleben, um von der Proveiser Bergbäuerin Monica Brunelli-Thaler bemerkt zu werden. Sie hat seit 2016 die wertvollsten Zuchttiere der letzten Bestände zusammengesucht und so die Erhaltungszucht dieser einzig verbliebenen Hühnerrasse des gesamten Tiroler Alpenraums initiiert.

Herkunft und Entstehung: Historisch betrachtet sind die Proveis-Ultentaler wohl einst durch die regen Handelsbeziehungen zwischen Mittelitalien und Südtirol entstanden. Noch im 19. Jahrhundert hielten die Bergbauern Südtirols ähnlich bunte Landhühner, wie man sie zu der Zeit auch in allen anderen Regionen Mitteleuropas vorwiegend antraf. Ende des 19. Jahrhunderts kam es dann immer mehr in Mode, sich legefreudigere Hennen aus Italien zu beschaffen, bei denen es sich höchstwahrscheinlich um Landhühner aus dem Verwandtschaftskreis der Italiener und Leghorn gehandelt hat. Man kann sie sich in etwa wie die heute noch existierenden „Millefiori di Lonigo" aus Venetien vorstellen. Solche Hennen konnten die Südtiroler Bauern beispielsweise auf dem berühmten Mühlbacher Markt erwerben. Und sie wurden dann einfach den alteingesessenen Beständen zugefügt. So kam es sukzessive zur Mischung der ursprünglichen Gebirgshühner mit den italienischen Importen, und im Ultental sowie im Dörfchen Proveis und in dessen Nachbargemeinden entstand ein völlig neuer Hühnertypus, der bis heute als „Proveis-Ultentaler" erhalten blieb.

Erscheinungsbild: Proveis-Ultentaler sind Hühner im klassischen Landhuhntypus, deren Hähne nicht selten eine sehr lange Schwanzbefiederung

mit bis zum Boden herabhängenden Sicheln tragen.

Sie sind stets einfachkämmig, mit oftmals zur Seite fallendem Schlotterkamm der Hennen, haben weiße Ohrscheiben und hellgraue bis schieferfarbige Läufe.

Grundlage der Färbung ist entweder die Wildfarbe oder die Weizenfarbe. Bei letzterer handelt es sich um eine Abwandlung der Wildfarbe, die zumeist auf dem dominanten Allel e^{Wh}, seltener auf dem rezessiven Allel e^{y} beruht und bei der die Hennen, nicht jedoch die Hähne, stark aufgehellt sind. Durch die fehlende Schaftstrichzeichnung am Hals lassen sie sich dennoch gut von ihren wildfarbigen Geschlechtsgenossen unterscheiden, was bei der Auswahl der Zuchttiere in gemischten Beständen von Bedeutung sein kann. Noch einfacher ist die Unterscheidung bereits im Kükenalter, da die Daunen weizenfarbiger Küken bei beiden Geschlechtern nicht braun gezeichnet, sondern cremefarbig sind.

Farbenschläge:

- Weizenfarbig und Wildfarbig können bei den Proveis-Ultentalern in allen Abstufungen vorkommen, sodass von hellem Gold-Weizenfarbig über Rebhuhnhalsig bis hin zu Dunkelbraun jede Variation möglich ist. Hinzu kommen weiterhin orangehalsige Tiere durch Kombination der Wildfarbe mit dem Aufhellungsfaktor ig (Cream).
- Alle diese Grundfarben können auch zusammen mit dem Mottled-Faktor mo (siehe Houdan, Seite 51) auftreten, wodurch dann rebhuhnhalsig-gescheckte und weizenfarbig-gescheckte sowie bei zusätzlichem Vorhandensein des Columbia-Faktors porzellanfarbige oder gelbbunte Tiere (auf ig-Basis) entstehen können.

Leistungseigenschaften: Die Legeleistung der als gute Winterleger geschätzten Rasse variiert in Abhängigkeit vom Brutverhalten und kann bis zu 180 weiße bis cremefarbige Eier mit Gewichten zwischen 45 und 55 g betragen.

Wesenseigenschaften: Proveis-Ultentaler sind lebhaft, ausdauernde Futtersucher, unempfindlich gegenüber rauen Klimabedingungen und langlebig.

Bild 5: Diese weizenfarbige Glucke beweist, dass Proveis-Ultentaler auch hervorragende Bruteigenschaften haben.

Bild 6: Proveis-Ultentaler-Hähne sind wachsame Beschützer, die zudem gern und viel krähen. Hier ist Legolas zu sehen, der wohl berühmteste Hahn der Rasse.

Bild 7: Etwa ein Drittel der Proveis-Ultentaler-Hühner zeigt eine weiße Motteld-Scheckung.

Bild 8: Proveis-Ultentaler-Hühner zeichnen sich durch die elegante, ausgewogene Landhuhnform aus.

Bruttrieb: Der Bruttrieb ist vorhanden, die Hennen haben einen ausgeprägten Mutterinstinkt. Etwa ein Drittel der Hennen gerät bereits während der ersten Legepriode in Brutlaune.

Empfehlungen für Zucht und Haltung: Vorrangiges Ziel muss die Sicherung und Stabilisierung der letzten Bestände sein, wobei die vorhandene genetische und phänotypische Variation erhalten bleiben sollte. Daher wird im günstigsten Fall mit gemischten Stämmen gezüchtet, in denen nach Möglichkeit die beiden Grundfärbungen Wildfarbig und Weizenfarbig sowie Tiere mit und ohne Mottled-Faktor vorhanden sind.

Anstatt eine primäre Fokussierung auf äußere Merkmale vorzunehmen, ist es vielmehr zielführend, eine Rassebeschreibung auf Basis der aktuellen Variation zu erstellen, in dessen Rahmen sich das Erscheinungsbild der Tiere dann bewegen darf.

Besonderes Augenmerk ist auf die Erhaltung des Bruttriebs zu legen.

Auf Einkreuzungen ist unbedingt zu verzichten. Ebenso sollten offensichtliche Kreuzungstiere nicht zur Zucht verwendet werden.

Ostmediterrane und Westasiatische Rassen

Diese Verwandtschaftsgruppe umfasst die Rassen des östlichen Mittelmeerraums, Kleinasiens, Ägyptens und des Nahen Ostens.

Sie bildet die Basis der europäischen Rassen vor deren Trennung in den west- und osteuropäischen Zweig. Speziell bei den kleinasiatischen Rassen spiegelt sich das in relativ hohen Frequenzen der Europäischen Cluster (Westeuropa 30 bis 50 %; Osteuropa 10 bis 15 %) wider. Deutlichster Unterschied zur europäischen Gruppe ist eine starke Präsenz des Westasiatisch-Nordafrikanischen Clusters, das Werte von 25 % (Türkei) bis 40 % (Ägypten) annimmt und damit zu einer der prägenden Komponenten dieser Gruppe avanciert.

Bei den Rassen Ägyptens und des Nahen Ostens kommt weiterhin das Südostasiatische Cluster mit moderaten Frequenzen von 5 bis 10 % hinzu, das aber bei den türkischen und ostmediterranen Rassen kaum noch in Erscheinung tritt.

Foto © Gabriel Rauch

Bild 1: Ein Trio Sizilianischer Kronenkämme in der Wildfarbe. Eine gewisse farbliche Varianz ist hier gut zu sehen.

Bilder 2 bis 4: Der zweispurige Kronenkamm macht die „Raza Siciliana", wie sie in Italien genannt wird, zu sehr markanten Hühnern.

Sizilianische Kronenkämme (Siciliana) und Sicilian Buttercups

Auf die Siciliana wurde ja bereits bei den Beschreibungen der Augsburger und Italiener (siehe Seite 80 und 87) eingegangen. Als besonderes Merkmal teilen sie zusammen mit den ägyptischen Dandarawi das Merkmal des reinerbigen Kronenkamms.

Herkunft und Entstehung: Die genauen Ursprünge dieser in Mitteleuropa leider viel zu wenig bekannten sizilianischen Traditionsrasse liegen zwar weitgehend im Dunkeln, doch gilt als sicher, dass es sich um eine außerordentlich alte Züchtung handeln muss. Das zeigen nicht zuletzt Darstellungen auf 400 Jahre alten Gemälden in der Sammlung des Vatikans, auf denen grünläufige, gesprenkelte Hühner mit Kronenkamm zu sehen sind (WANDELT & WOLTERS 1996).

Der Kronenkamm mit Doppelkammanlage (D) sowie die historisch belegte und bei ihren amerikanischen Nachfahren, den Sicilian Buttercups, standardisierte Zeichnungsvariante der Flockung lassen einen Einfluss von Hauben- und Sprenkelhühnern bei ihrer Entstehung vermuten. Auch legt das Vorhandensein des reinerbigen Kronenkamms einen Bezug zu den ägyptischen Dandarawi nahe, wobei offenbleiben muss, in welcher Richtung hier ein eventueller Austausch erfolgte.

Genetisch ähneln die Siciliana am stärksten den türkischen Rassen (siehe Seite 88), was sehr gut mit der vermuteten Ausbreitung des Haushuhns von Kleinasien über den griechischen Kulturraum bis nach Italien in Einklang steht. Dominierend ist bei ihnen das Westeuropäische Cluster mit einer

Bild 5: In der Wildfarbe zeigen die Hähne der Sizilanischen Kronenkämme einen intensiven Grünlack in ihren schwarzen Gefiederpartien.

Frequenz von gut 40 %, gefolgt von der Westasiatisch-Nordafrikanischen (ca. 25 %) und der Osteuropäischen Komponente (ca. 15 %).

Die in den USA und England gezüchteten Sicilian Buttercups werden oft mit den Kronenkämmen synonymisiert, sind genau genommen jedoch deren amerikanische Zuchtrichtung, die auf Sizilienimporte des 19. Jahrhunderts zurückgeht. Die Basis der heutigen Population soll ein Bruteierimport des Jahres 1892 sein.

Erscheinungsbild: Siciliana zeigen eine typische Landhuhnform mit langer, voller Befiederung. Die Läufe sind weidengrün, die Ohrscheiben überwiegend weiß mit mehr oder weniger starkem Rotanteil.

Hervorstechendes Merkmal und Zierde des Kopfes ist zweifellos der reinerbige Kronenkamm, der gleichmäßig gezackt und nach hinten möglichst geschlossen sein soll. Daneben gibt es im Heimatland auch eine hörnerkämmige Variante, die unter dem Namen **Cornuta Caltanisetta** bekannt ist und die wir als ein besonderes Highlight in Band 2 näher vorstellen werden.

Der häufigste Farbenschlag ist Goldhalsig bzw. Rebhuhnhalsig, doch gibt es auch Silberhalsige, Weiße und Schwarze.

Im Gegensatz dazu kommen die Sicilian Buttercups nur mit geflocktem Zeichnungsbild vor, das am ehesten dem der Ostfriesischen Möwen ähnelt. Während in den USA traditionell nur die Goldvariante gezüchtet wird, entstanden in England zusätzlich Silber-Schwarzgeflockte.

Leistungseigenschaften: Die Legeleistung variiert je nach Zuchtlinie zwischen 100 und 200 weißen, kleinen bis mittelgroßen Eiern.

Wesenseigenschaften: Wie viele andere Landhühner auch, sind Siciliana aktive, wachsame Tiere, unermüdliche Futtersucher und zudem flugfähig. Bei intensiver Betreuung vom Kükenalter an können sie aber auch sehr zutraulich werden. Sie sind nicht sonderlich aggressiv und können mit anderen Rassen zusammen gehalten werden.

Bruttrieb: Der Bruttrieb ist eher gering ausgeprägt.

Bild 6: Jeder Züchter zählt bei den Sizilanischen Kronenkämmen, denn die Rasse steht praktisch direkt vor dem Verschwinden.

Empfehlungen für Zucht und Haltung: Siciliana sind generell robuste, wenig krankheitsanfällige Hühner, die keine besonderen Ansprüche an ihre Haltung stellen. Aufgrund ihrer Herkunft sind sie vergleichsweise hitzeresistent, allerdings weniger an kalte Klimabedingungen adaptiert. Um Erfrierungen an den Kämmen und Kehllappen zu vermeiden, sollte für ein trockenes und nicht zu feuchtes Stallklima gesorgt werden. Aufgrund ihrer Aktivität und Flugfähigkeit sind nicht zu kleine Ausläufe, die mit entsprechend hohen Zäunen bzw. Netzen versehen sind, empfehlenswert.

Zwergformen: Eine Zwergform der gold-schwarzgeflockten Sicilian Buttercups wurde in den USA erzüchtet und dort 1960 anerkannt. Mittlerweile wird sie auch in Europa, so z. B. in England, gezüchtet.

Bild 1: Federfüßige Zwerghühner sind waschechte Urzwerge und seit vielen Jahrhunderten in Mittel- und Osteuropa bekannt. Hier der Farbschlag Schwarz-Weißgescheckt.
Bild 2: Das Holländische Zwerghuhn ist ein gutes Beispiel für eine alte, europäische Rasse von Urzwergen, zu der es kein großgewachsenes Pendant gibt.

Europäische Urzwerghühner

Die bis dato untersuchten europäischen Urzwergrassen sind alle durch ein gemeinsames genetisches Muster charakterisiert.

Zu einem etwa 70%igen europäischen Anteil unterschiedlicher Komposition kommt ein ca. 20- bis 30%iger südostasiatischer Input hinzu, der sicher maßgeblich dafür verantwortlich ist, dass diese Rassen in der Neighbor-Joining-Analyse eine Verwandtschaftsgruppe bilden.
Dabei kann der südostasiatische Anteil durchaus unterschiedlicher Herkunft sein: Während die Sebright und Bantam diese Beimischung von den nach England eingeführten Nankin-Bantam erhielten, resultiert sie bei den Deutschen Zwergen zum großen Teil aus der Hinzunahme von Bankivahühnern.

Trotz der nahen Verwandtschaft lässt sich eine Substruktur erkennen, die auch sehr gut die Clusterung der Admixture-Analyse widerspiegelt.

Die erste Gruppe umfasst die Sebright-Verwandten, zu der neben diesen auch die Bantam und Antwerpener Bartzwerge gehören und die durch eine hohe Frequenz des Sebright-Clusters (≥ 20 %) gekennzeichnet sind.

Eine zweite Gruppe bilden die Federfüßigen Zwerghühner, bei denen das Sebright-Cluster kaum vorhanden ist und der europäische Anteil nahezu ausschließlich aus dem Osteuropäischen Cluster besteht, das bei den ursprünglichen Gold-Porzellanfarbigen knapp 65 % ausmacht.

Als dritte Gruppe präsentieren sich die Deutschen Zwerghühner, die als einzige der untersuchten Urzwerge einen signifikanten Anteil des Westeuropäischen Clusters (knapp 20 %) aufweisen.

Während die Sebright ein, wenn auch sehr altes, Produkt der modernen Geflügelzucht sind, verkörpern die Federfüßigen Zwerghühner einen Zwerghuhntyp, der seit Jahrhunderten sowohl glatt- als auch federfüßig in Europa vorhanden ist

(WANDELT & WOLTERS 1998) und ganz offensichtlich die Zwergform des osteuropäischen Haushuhnzweigs repräsentiert. Ursprüngliche Formen dieser oft porzellanfarbigen Hühner haben sich in verschiedenen Ländern erhalten, u. a. in Form der Bayerischen Landzwerghühner, der österreichischen Steinpiperl, der Kroatischen, Ungarischen und Russischen Zwerghühner, der katalanischen Flor d Ametller oder der belgischen Doornikschen Zwerghühner. Ob der südostasiatische Anteil der Federfüßigen von gut 30 % das Erbe alter Einfuhren ist oder erst mit der Konstituierung als Schaurasse hinzukam, muss derzeit noch offenbleiben.

Demgegenüber legt der starke westeuropäische Anteil der Deutschen Zwerghühner nahe, dass die oft wildfarbigen Urzwerge dieser Verwandtschaftsgruppe wie z. B. die Schwedischen, Dänischen, Belgischen, Waasschen, Holländischen oder Französischen Zwerghühner (Pictave) eine davon unabhängige Ausbreitungswelle darstellen, die im Kontext mit der Erstausbreitung des Haushuhns nach Nord- und Westeuropa stehen könnte.

Sebright

Hühnerrassen können auf verschiedene Art und Weise entstehen, und doch gibt es zwei Hauptwege, die besonders oft beschritten werden. Sie entwickeln sich erstens entweder langsam und kontinuierlich aus regionalen Landhuhnpopulationen durch zufällige Verpaarungen und stetige Anpassung an die lokalen Bedingungen oder werden zweitens gezielt erzüchtet, wobei die Züchter meist von Anfang an ein klares Zuchtziel vor Augen haben. Das englische Sebright-Huhn ist eindeutig der letzteren Kategorie zuzuordnen, und man hat es dann auch passend nach seinem Schöpfer benannt, dem englischen Tier- und Pflanzenzüchter Sir John Sebright.

Bilder 1a und b:
Der große, reich geperlte Rosenkamm verleiht dem winzigen Sebright-Hahn eine gewisse Keckheit.

Herkunft und Entstehung: Sir John wollte zu Beginn des 19. Jahrhunderts ein zwergwüchsiges Huhn mit vielen speziellen Merkmalen wie Rosenkamm und schwarzer Säumung des Gefieders schaffen. Das sollte an sich nicht sonderlich schwierig sein, doch Sir John wollte dabei auch erreichen, dass Hahn und Henne in Ausprägung und Färbung des Gefieders möglichst identisch sind. Das erfordert letztlich hennenfiedrige Hähne, die weder durch lange Sichelfedern, übermäßigen Sattelbehang noch buntere Farben von den Hennen auf den ersten Blick zu unterscheiden sind. Wie es ihm letztlich gelungen ist, das hochgesteckte Zuchtziel zu erreichen, ist nicht völlig geklärt, da er keine detaillierten Aufzeichnungen hinterlassen hat. Überliefert ist allerdings, dass Sir John die Rasse um 1800 aus einer gelben Zwerghenne und einem hennenfiedrigen rötlichen Zwerghahn, die beide vermutlich den aus Südostasien eingeführten Nankin-Bantam zuzurechnen sind, einer Hamburger Goldlackhenne und gold-schwarzgesäumten Paduanern kreiert und durch intensive Inzucht gefestigt haben soll. Ein nicht näher beschriebener weißer Hahn aus dem Zoo von London soll dann

Bild 2: Ein Trio gold-schwazgesäumter Sebright.
Bild 3: Sebright-Hähne erinnern mit ihrem Selbstvertrauen etwas an Kämpferrassen.
Bild 4: Die Hautpartien und der Kamm zeigen bei den Sebright-Hennen typischerweise einen stärkeren Schwarzanflug als bei den Hähnen.
Bild 5: Auch im Farbschlag Silber-Schwarzgesäumt sind die Sebright überaus zierende Gartenhühner.

zur Herausbildung der silbernen Variante beigetragen haben.

Die ausgeprägte Inzucht und die daraus resultierende Homogenität hat wohl dazu geführt, dass die Sebright in der Admixture-Analyse ein eigenes Cluster bilden, das sich zu ca. 88 % aus dem europäischen und zu ca. 12 % aus dem asiatischen Genpool zusammensetzt, wobei dieser asiatische Anteil sicherlich die Nankin-Bantam repräsentiert. Ein Bezug zu den Paduanern wird dadurch erkennbar, dass diese einen höheren Anteil des Sebright-Clusters zeigen als alle anderen typisierten Haubenhühner. Es scheint also, dass die genannte Überlieferung zumindest in weiten Teilen stimmt. Die Neighbour-Joining-Analyse zeigt einen nahen Bezug der Sebright zu anderen Urzwergen wie den Bantam oder den Belgischen Bartzwergrassen, was sicherlich mit ihrem Input bei der Entstehung dieser Rassen begründet ist.

Die Goldenen zeigen eine Heterozygotie von 0,097 und eine Polymorphie von 0,361; die Silbernen liegen mit 0,087 und 0,348 sogar noch geringfügig darunter. Damit weisen sie von allen untersuchten Rassen die geringsten Diversitätswerte auf. Ob die zuweilen, speziell bei den Goldenen, beobachteten niedrigen Befruchtungswerte damit in Kontext stehen, muss derzeit noch offenbleiben.

Erscheinungsbild: Das Ergebnis von Sir John's Zuchtbemühungen war eine der optisch perfektesten Zwerghuhnrassen, die bis dato bekannt waren. Auch Charles Darwin, der Vater der Evolutionstheorie, wurde so auf das Zuchtergebnis aufmerksam. Darwin hegte seinerzeit freundschaftliche Kontakte zu zahlreichen englischen Tierzüchtern, denn es war nicht zuletzt die Merkmalsvielfalt der domestizierten Haustierrassen, die es ihm ermöglichte, die Veränderung der Arten unter kontrollierten Bedingungen zu studieren.

Sebright ähneln im Grundtyp und Rosenkamm den Bantam, sind jedoch hennenfiedrig, mit roten Ohrlappen ausgestattet und kommen nur in den gesäumten Farbvarianten vor. Ihre Läufe sind schiefergrau.

Die Hennenfiedrigkeit der Hähne, die auch von Sprenkelrassen wie den Campinern oder hennenfiedrigen Linien der Hamburger Sprenkel bekannt ist, entsteht offenbar aus dem Zusammenwirken genetischer und hormoneller Faktoren. Sie beruht wohl auf dem Vorhandensein eines dominanten Faktors (H oder Hf), der jedoch nur wirken kann, wenn er durch ein spezifisches Hodenhormon aktiviert wird.

Die Säumung der Sebright entspricht genetisch jener der Paduaner und basiert nicht, wie die der Wyandotten, auf der Wildfarbe e^{b}, sondern auf der dunkleren Birkenfarbe E^{R}. Zum Ausgleich dieser Verdunkelung wirkt zusätzlich der Eumelanin-Restiktor Db, woraus sich die Erbformel E^{R} Pg Db Ml Co ergibt.

Chamois-Weißgesäumte entstanden im 20. Jahrhundert in der Zucht des bekannten niederländischen Schriftstellers und Tiermalers C. S. Th. van Gink mithilfe eines chamoisfarbigen Zwerg-Brabanterhahns. Bei ihnen kommt auf Basis der Goldzeichnung der Faktor für dominantes Weiß (I) hinzu, der die schwarze Säumung komplett entfärbt.

Die Zitron-Schwarzgesäumten sind schon seit 1921 bekannt, in den Niederlanden seit Langem anerkannt und mittlerweile auch in Deutschland offiziell zugelassen. Sie tragen den rezessiven Aufhellungsfaktor Cream (ig), der das Gold zu Zitronfarbig aufhellt.

Leistungseigenschaften: Sebright sind aufgrund ihrer geringen Größe selbstverständlich keine Leistungshühner. Dennoch legen sie 80 bis 130 weiße bis cremefarbige Eier mit einem Gewicht von mindestens 30 g.

Wesenseigenschaften: Sebright sind selbstbewusste und vornehm wirkende Zwerghühner, die sich ihrer körperlichen Unterlegenheit nicht immer bewusst sind, was dann zu Komplikationen bei der Vergesellschaftung mit anderen Hühnern führen kann. Speziell sind auch einige ihrer Verhaltensweisen: So wölben sie in Erregung die Brust vor und trippeln mit den Füßen auf dem Boden. Ihr Bewegungsdrang ist eher gering und bei entsprechender Zuwendung können sie sehr zutraulich werden.

Bruttrieb: Der Bruttrieb ist bei dieser Rasse, wenn auch nicht durchgehend, so doch regelmäßig vorhanden. Glücklicherweise scheint es jüngst wieder mehr Sebright-Hennen mit gutem Bruttrieb zu geben.

Empfehlungen für Zucht und Haltung: Sebright sind mit ihren ca. 600 g Gewicht, ihrem eleganten und selbstbewussten Verhalten, dem eher geringen Bewegungsdrang und ihrer exotischen Ausstrahlung sicherlich perfekte Hühner für kleine Gärten. Ob man sie frei laufen lassen kann oder ob man sie besser in der katzensicheren Voliere lässt, hängt von der jeweiligen Situation ab.

Impfung empfehlenswert

Die Küken sollten gegen Marek geimpft werden, da die Rasse angeblich eine außerordentlich hohe Anfälligkeit für diese Herpes-Erkrankung hat.

Bild 1: Bantam werden zur Gruppe der Urzwerge gerechnet und selbst die Hähne bringen kaum mehr als 600 g auf die Waage.
Bild 2: Wegen ihrer prägnanten Rosenkämme werden Bantam international auch als Rosecomb Bantam bezeichnet.
Bild 3: Im Farbschlag Orangehalsig leuchten Hals- und Sattelbehang des Bantam-Hahnes geradezu irisierend.
Bild 4: Zwei zutrauliche Bantam-Hennen in Orangehalsig.
Bild 5: Schwarz ist historisch betrachtet der ursprünglichste und daher wichtigste von insgesamt 17 Farbschlägen, in denen diese Rasse bekannt ist. Fotos © Reto Giacometti

Bantam

Weltweit verbreitet und in zahlreichen verschiedenen Farbvarianten gezüchtet, gelten die Bantam als „Prototyp" des Zwerghuhnes an sich.

Im angelsächsischen Raum, wo die Rasse „Rosecomb Bantam" heißt, wird der Begriff auch heute noch als generelles Synonym für Zwerghühner verwendet, und zuweilen spricht man sogar von „Bantamisierungen", wenn es um die Verzwergung von Hühnerrassen geht.

Herkunft und Entstehung: Geradezu grenzenlos scheint die Fantasie diverser Hühnerbuchautoren zu sein, wenn es darum geht, Geschichte und Herkunft der Bantam zu erklären. Es sind die unterschiedlichsten Versionen dazu im Umlauf, denen jedoch allen gemeinsam ist, dass Zwerghühner aus dem ostasiatischen Raum hier eine wesentliche Rolle spielten. In einer dieser Versionen stammen Bantam, so wie wir sie kennen, aus Indonesien und sollen schon als durchgezüchtete Rasse mit Seefahrern nach Europa gekommen sein. Bantam, wahlweise auch „Banten" geschrieben, ist nämlich auch der Name einer kleinen Hafenstadt, malerisch am westlichen Ende der indonesischen Insel Java gelegen. Schon zu Beginn des 17. Jahrhunderts nutzten die gut vernetzten Briten den Hafen von Bantam erstmals erfolgreich für den Handel und sollen so von dort im Lauf der Zeit auch immer wieder zwergwüchsige, javanische Haushühner mit Handelsschiffen bis nach England gebracht haben. Der eigentliche Ursprung der Rasse, wie andere Versionen zu berichten wissen, sei aber in China oder Japan zu verorten. In England, so wird weiterhin überliefert, sollen sie dann mithilfe von Federfüßigen Zwerghühnern und Hamburgern zum heutigen Typ geformt worden sein.

Glücklicherweise konnte uns nun ihre DNA Hinweise darauf geben, was und wie viel davon tatsächlich stimmt:

- Sicher nachgewiesen werden konnte ein südostasiatischer Anteil, der mit 20 % zwar geringer ist als zuvor angenommen, aber doch klar für den vermuteten Java-Import spricht.
- Größer als erwartet ist der Beitrag europäischer Rassen, was die ca. 55 % des Osteuropäischen Clusters, die sicher auf die Federfüßigen Zwerghühner und Hamburger zurückzuführen sind, deutlich belegen.
- Und zusätzlich hat es wohl einen nicht unbeträchtlichen Sebright-Input gegeben, deren Cluster die restlichen 25 % ausfüllt.

Trotz ihrer Häufigkeit ist die Rasse zumindest im Hauptfarbenschlag Schwarz homogen und wenig variabel, was ihre niedrigen Werte für Heterozygotie (0,124) und Polymorphie (0,446) zum Ausdruck bringen. Diese sind sicherlich als Folge der langen, intensiven Selektion auf den Phänotyp und den nicht bzw. kaum vorhandenen Austausch mit anderen Rassen zu werten. Daraus resultierende negative Auswirkungen sind jedoch nicht bekannt. Jüngere Farbenschläge, die unter dem Einfluss anderer Rassen entstanden sind, zeigen vermutlich höhere Diversitätswerte.

Erscheinungsbild: Bantam mögen mit etwa 500 g Gewicht bei den Hennen und 600 g bei den Hähnen zwar zu den kleinsten Hühnerrassen zählen, doch ihr Charakter und ihr Mut lässt sie immer wieder viel größer wirken. Beide Geschlechter haben eine stolze, aufrechte Haltung und bewegen sich mit der selbstsicheren Eleganz eines Wildhuhns. Die Hähne sind kurz im Rücken und tragen ihr Schwanzgefieder hoch. Die Sicheln sind dabei fast kreisrund gebogen und von perfekter Ausführung. Für die buchstäbliche Krönung sorgt der auffällige Rosenkamm, der in einen spitzen Dorn ausläuft. Bei den Hähnen wirkt das, als würden sie eine rote Matrosenkappe tragen; bei den Hennen ist der Kamm hingegen auf eine so geringe Größe reduziert, dass er nur noch als zapfenförmiger Fortsatz in Erscheinung tritt. Auffällig sind bei dieser Rasse auch die strahlend weißen Ohrscheiben. Beim Hahn sind sie überdurchschnittlich groß und kommen im schwarzen Farbenschlag am besten zur Geltung. Schwarz ist übrigens auch die älteste Farbvariante dieser Rasse. Die ersten Bantam, die auf Schauen präsentiert wurden, waren tiefschwarz mit bereits deutlichem Grünglanz.

5

Foto © Reto Giacometti

Bilder 6 und 7: Bantam in den Farbenschlägen Porzellanfarbig und Gesperbert.

Bis heute sind viele weitere Farben und Zeichnungsmuster hinzugekommen, so Weiß, Gelb, Blaugesäumt, Gesperbert, Wildfarbig, Goldhalsig, Blau-Goldhalsig, Silberhalsig, Orangehalsig, Rotgesattelt, Birkenfarbig, Perlgrau, Weiß-Schwarzcolumbia, Gelb-Schwarzcolumbia, Birkenfarbig, Perlgrau, Schwarz-Weißgescheckt, Gold-Porzellanfarbig, Zitron-Porzellanfarbig und Gelb mit weißen Tupfen.

Leistungseigenschaften: Bantam sind reine Zierhühner für die Hobbyhaltung, bei denen die Leistungseigenschaften nicht von Bedeutung sind. Die Legeleistung liegt bei den ursprünglichen Schwarzen bei ca. 90 weißen bis cremefarbigen Eiern mit einem Gewicht von ca. 25 g; bei den übrigen Farbenschlägen werden Leistungen von 60 bis 100 Eiern erreicht.

Wesenseigenschaften: Obwohl Bantam mit ihrem kecken Auftreten wild wirken, können sie Vertrauen zu ihrem Halter fassen. Sie lassen sich zwar nicht gern anfassen, nehmen aber bereitwillig Futter aus der Hand an und laufen einem schon mal neugierig nach, wenn man im Garten werkelt.

Bruttrieb: Der Bruttrieb ist bei Bantamhennen vorhanden, wenn auch vielleicht nicht so hochfrequent wie z. B. bei Seidenhühnern oder Zwerg-Cochin. Die Hennen sind sehr gute, mutige Mütter, die ihre Küken konsequent verteidigen.

Empfehlungen für Zucht und Haltung: Aufgrund ihrer geringen Größe sind Bantam im Garten nicht allzu aufwendig zu halten. Bedenken sollte man jedoch, dass die Tiere gut fliegen können. Zur Sicherheit überspannt man Freigehege daher mit einem Netz. Auch geräumige Volieren mit dichter Bepflanzung sind eine gute Alternative zur Unterbringung.

Foto © Reto Giacometti

Bild 1: Deutsche Zwerghühner haben eine wildhuhnartige Eleganz und zeigen auch oft noch sehr ursprüngliches Hühnerverhalten.
Bild 2: Dass diese Deutsche Zwerghenne zum Farbschlag Isabell-Perlgrau-Columbia zählt, verraten die hellgrauen Streifen am Kragen.
Bild 3: Ein markanter Deutscher Zwerghahn der goldhalsigen Variante, die der Ursprungsfarbe aller Hähne sehr nahe kommt.

Deutsche Zwerghühner

Wer sich mit der Geschichte der Verzwergung heimischer Landhühner beschäftigt, kommt an einer Rasse nicht vorbei: den Deutschen Zwerghühnern. Allein in diesem ersten Band befinden sich mit den Bergischen Krähern, Ostfriesischen Möwen, La Flèche, Augsburgern, Deutschen Sperbern, Lakenfeldern, Minorka, Sulmtalern und Yokohama gleich neun Rassen, deren Miniaturausgabe ihre Entstehung diesem ungemein anmutigen und eleganten Zwerghuhn zu verdanken hat. Es hat die Welt der Zwerghühner wie kaum ein anderes geprägt.

Herkunft und Entstehung: Deutsche Zwerghühner wurden ab ca. 1910 von Wilhelm Müller aus Magdeburg erzüchtet und 1917 als Rasse anerkannt. Zu ihrer Entstehungsgeschichte gibt es verschiedene Versionen, denen jedoch allen gemeinsam ist, dass Landzwerghühner, Bantam und Phönix beteiligt waren.

Der Fachbuchautor und langjährige Züchter der Rasse, Walter Schwarz, nennt als Ahnen Landzwerghühner, Bantam, Phönix und Bankivahühner (SCHWARZ 2002) und liegt damit wohl auch genau richtig, führt man sich die Ergebnisse der Admixture-Analyse vor Augen. Sie lässt eine heterogene Zusammensetzung erkennen, bei der gleich fünf Cluster Frequenzen von über 10 % erreichen.

- Das westeuropäische Cluster, mit einer Frequenz von fast 20 %, geht sicher überwiegend auf die Landzwerge zurück.
- Das Sebright-Cluster (knapp 15 %) ist überwiegend als Beitrag der Bantam zu werten.
- Das Osteuropäische Cluster (ca. 35 %) wurde von den Landzwergen und Bantam beigesteuert.
- Das Japanische Cluster mit fast 15 % zeigt das genetische Erbe der Phönix.
- Der recht hohe südostasiatische Anteil von über 20 %, der allein mit den Werten der Bantam (20 %) und Phönix (10 %) nicht zu erklären ist (die Landzwerge dürften hier nichts beigesteuert haben), belegt schließlich klar auch den Beitrag der Bankivahühner.

Genetische Zusammensetzung der goldhalsigen Deutschen Zwerghühner im Vergleich zu den Altenglischen Kämpfern als ursprünglicher englischer Rasse.

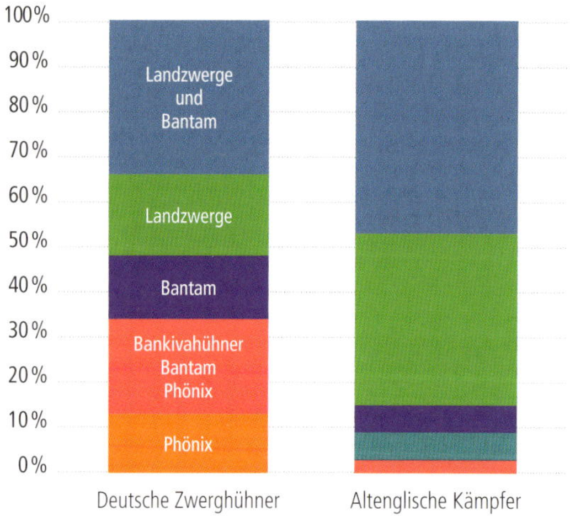

Entwickelt auf Basis der Admixture-Analyse im SYNBREED chicken diversity panel (MALOMANE et al. 2019)

Bild 4: Deutscher Zwerghahn im Farbschlag Goldhalsig.

Ohne den Anteil der Bantam, Phönix und Bankivahühner lassen sich die verbleibenden Landzwerge als Hühner charakterisieren, die zu etwa gleichen Teilen aus dem West- und Osteuropäischen Cluster zusammengesetzt sind und damit an die Struktur ursprünglicher englischer Rassen erinnern, die möglicherweise die erste Welle nach Mittel- und Westeuropa eingeführter Haushühner repräsentieren. Es liegt also nahe, die Landzwergkomponente der Deutschen Zwerghühner als Zwergform dieser Ersteinfuhr zu betrachten (siehe Europäische Urzwerge, Seite 98).

Die ersten Farbenschläge waren Wildfarbig, Goldhalsig und Silberhalsig. Ihnen folgten bald darauf auch Schwarze, Weiße und Orangehalsige. Heute gehört die Rasse mit 21 Farbenschlägen zu den farblich vielfältigsten Zwerghühnern.

Erscheinungsbild: Nicht zuletzt durch den Phönix-Einfluss zeigen Deutsche Zwerghühner eine besonders elegante, feingliedrige, reich und lang befiederte Landhuhnform mit fließenden Linien und langen Sichelfedern der Hähne. Sie tragen einen kleinen Einfachkamm, haben weiße, herzförmige Ohrscheiben und graublaue Läufe.

Gezüchtet werden sie in Wildfarbig, Goldhalsig, Blau-Goldhalsig, Orangehalsig, Blau-Orangehalsig, Silberhalsig, Blau-Silberhalsig, Rotgesattelt, Weiß, Schwarz, Perlgrau, Gelb, Gold-Porzellanfarbig, Schwarz-Weißgescheckt, Weiß-Schwarzcolumbia, Weiß-Blaucolumbia, Gelb-Schwarzcolumbia, Gelb-Blaucolumbia, Zitron-Schwarzcolumbia,

Isabell-Perlgraucolumbia und Birkenfarbig. Die Bezeichnung Wildfarbig für einen der ältesten Farbenschläge ist etwas irreführend. Denn es handelt sich hier vielmehr um eine Abwandlung der „eigentlichen" Wildfarbe, also dem Allel e^+, das für die Ausbildung der Farbenschläge Rebhuhnhalsig, Goldhalsig und Goldfarbig verantwortlich ist. Durch Hinzukommen des Eumelanin-Verstärkers Melanotic (Ml) wird eine Verdunkelung des Farbbilds hervorgerufen, was bei den Hennen zu einer schwarzen Säumung des Brustgefieders führt.

Leistungseigenschaften: Deutsche Zwerghühner legen konstant über alle Farbenschläge hinweg 70 bis 100 weiße bis cremefarbige Eier mit einem Gewicht von mindestens 30 g.

Wesenseigenschaften: Obwohl sie ein lebhaftes Wesen haben, sind Deutsche Zwerge alles andere als nervös oder hektisch. Bei entsprechender Betreuung werden sie sehr zutraulich. Die Tiere sind untereinander verträglich und bereiten bei der Reproduktion und Aufzucht keine Probleme. Wegen ihres schlanken Körperbaus und der langen Befiederung sind sie flugfähig.

Bruttrieb: Der Bruttrieb ist bei Deutschen Zwerghennen gut ausgeprägt, sie sind zuverlässige Glucken und gute Mütter.

Empfehlungen für Zucht und Haltung: Aufgrund ihrer positiven Wesenseigenschaften bereiten Deutsche Zwerghühner praktisch keine Probleme in Zucht und Haltung. Sie können sowohl in der Voliere als auch im Freilauf gehalten werden, wobei in letzterem Fall auf entsprechend hohe Umzäunungen geachtet werden sollte.

In der Zucht sollte auf den Erhalt der Wesens- und Reproduktionseigenschaften, und hier speziell den Bruttrieb, besonderer Wert gelegt werden.

Bild 1: Trotz der großen Farbenvielfalt ist diese bunte Truppe aus Steinpiperl-Hennen gut am Waldboden getarnt.

Steinpiperl und Bayerische Landzwerghühner

Im Laufe dieser Buchreihe wollen wir immer wieder auch Rassen außerhalb des Schauwesens berücksichtigen, denn auch in dieser Gruppe finden sich echte Kleinode. Die österreichischen Steinpiperl und Bayerischen Landzwerghühner, zwei ursprüngliche Zwerghuhnrassen aus geografisch benachbarten Regionen zählen unbedingt dazu. Sie weisen zahlreiche Gemeinsamkeiten auf und gehören zu den Nachfahren eines einst weitverbreiteten, kleinen Typus von Hühnern, der in dieser basalen und un-

Bild 2: Auch der Silberfaktor kommt im Genpool der Steinpiperl vor, wie dieser Hahn eindrücklich zeigt.
Bild 3: Ein klassisch bunter Steinpiperl-Hahn mit Gelbtönen im Hals- und Sattelbehang.
Bild 4: Steinpiperl-Küken sind trotz ihrer geringen Größe verblüffend robust und unempfindlich.
Bild 5: Schwarz-Weißgescheckte Steinpiperl sind selten, aber umso begehrter bei Liebhabern.
Bild 6: Eine bunt gescheckte Steinpiperl-Henne wie aus dem Bilderbuch.
Bild 7: Steinpiperl sind perfekte Glucken und ziehen bis zu dreimal im Jahr Küken auf.

selektierten Form zumindest im deutschsprachigen Raum fast überall verschwunden ist.

Halbwild oder zumindest frei laufend lebend, haben Restbestände des einst weitverbreiteten Steinpiperl-Zwerghuhns hauptsächlich auf Bauernhöfen in Niederösterreich, der Steiermark und Kärnten bis heute überlebt. Die Neuentdeckung dieser bunten österreichischen Zwerge vor nun fast 15 Jahren war eine kleine Sensation. Viele ältere Hühnerzüchter können sich an sie erinnern; dass solche bäuerlichen Zwerghuhnpopulationen noch existierten, war jedoch nicht bekannt.

Die Bayerischen Landzwerghühner werden in Bayern auch einfach „Bauernzwergerl" genannt. Die letzten Reliktpopulationen konnten auf Bauernhöfen im Landkreis Straubing sowie in zwei benachbarten Landkreisen überleben. Dort haben sich diese Hühner jahrzehntelang ausschließlich durch Naturbrut erhalten. Alte Fotos belegen die Existenz der „Bauernzwergerl" inzwischen bereits für vier bayerische Landkreise. Ihr großflächiges Verschwinden ist beispielhaft für einen Vorgang, der nahezu überall unbemerkt vor sich ging. Lange Zeit waren die „Bauernzwergerl" wohl allgegenwärtig und galten als „zu normal", um besonders verhätschelt zu werden.

Herkunft und Entstehung: Das Erscheinungsbild und besonders die bei beiden Rassen sehr häufigen Zeichnungsbilder der Porzellanfarbe und Weißscheckung lassen einen Bezug zu den Federfüßigen Zwerghühnern vermuten, deren Verwandtschaftsgruppe (siehe Seite 25) wohl die Zwergform des osteuropäischen Haushuhnzweigs darstellt. Und sicher waren es Verwandte der Steinpiperl und Bayerischen Landzwerge, die, sowohl glatt- als auch federfüßig, die Grundlage für die Schaurassen aus dieser Gruppe, allen voran die Federfüßigen Zwerghühner, bildeten.

Sie waren aber zu keiner Zeit selbst als Schaurassen anerkannt, gerieten deshalb schnell in Vergessenheit und verschwanden schließlich fast vollständig. Das lag sicher auch daran, dass früher kaum ein Hühnerbuch von den bunten Landschlägen berichtete.

Erscheinungsbild: Beide Rassen verkörpern ein Zwerghuhn im Landhuhntyp mit voller, langer Befiederung und einem Gewicht von 700 bis 1.100 g.

Die Ohrscheibenfarbe variiert von Weiß bis Rot, die Läufe sind bei den Steinpiperln stets fleischfarbig, manchmal mit schwärzlichem Anflug, können bei den Bayerischen Landzwergen jedoch auch gelb sein, was sogar noch häufiger vorkommt. Während Steinpiperl immer einfachkämmig sind, gibt es bei den Bayerischen Landzwergen neben Einfachkämmen unterschiedlicher Größe auch Rosenkämme. Nicht untypisch für die Bauernhühner alter Tage, wie es auch verschiedene historische Gemälde eindrucksvoll belegen. Bei der Gefiederzeichnung gibt es keinerlei Regeln. Häufig sind die Tiere gescheckt (mottled) oder porzellanfarbig, wobei als Grundlage

Bild 8: Eine Zuchtgruppe der Bayerischen Landzwerge zeigt ähnlich viele Gefiederfärbungen wie die Steinpiperl.

Bild 1: Wildfarbige Steinpiperl ohne weiße Scheckung besitzen heute einen hohen Seltenheitswert. Die entsprechenden Hähne verkörpern den bunten Bilderbuchhahn alter Tage.
Bild 2: Rosenkämme sind bei den Bayerischen Landzwergen inzwischen stark in der Unterzahl, was diesen prächtigen Zuchthahn besonders wertvoll macht.
Bild 3: Autor Robert Höck mit dem Bayerischen Landzwerg-Junghahn Frodo.
Bild 4: Viele Landzwerg-Hähne zeigen eine lange Besichelung des Schwanzgefieders, was ausgesprochen attraktiv aussieht.
Bild 5: Dieses Nest mit Küken der Bayerischen Landzwerge verrät dem Betrachter bereits auf Anhieb, dass hier eine große Vielfalt an Gefiederfärbungen zu erwarten ist.
Bild 6: Die farbenfrohen Landzwerge sind in Bayern auch als Bauernzwergerl bekannt.

alle Variationen der Wildfarbe wie rebhuhnhalsig, silberfarbig oder weizenfarbig fungieren können (siehe Proveis-Ultentaler); auch Schwarz-Weißgescheckte und Rotgescheckte kommen vor. Alle diese Zeichnungen können auch ohne Scheckung auftreten, wodurch in der Summe ein ungemein breites und umfangreiches Farbspektrum entsteht. Erlaubt ist, was der Zufall zustande bringt, auf reinerbige Stämme wurden sie nie selektiert.

Leistungseigenschaften: Beide Rassen sind gute Winterleger, die bis April 80 bis 100 Eier legen können. Danach versiegt der Legefluss bei vielen Hennen, da sie gluckig werden und Küken aufziehen.

Wesenseigenschaften: Steinpiperl werden nur schwer zahm und benötigen, da sie ausgesprochen lebhaft und bewegungsfreudig sind, trotz

5

6

ihrer geringen Größe vergleichsweise viel Platz. Die Bayerischen Landzwerge sind demgegenüber ruhiger und zahmer, also auch weniger auf große Ausläufe angewiesen. Obwohl sehr klein und zierlich, sind beide Rassen unglaublich robust und durchsetzungsfähig.

Bruttrieb: Steinpiperl-Glucken haben einen starken Bruttrieb und sind ausgezeichnete Muttertiere, die ihren Nachwuchs mit geradezu aggressivem Einsatz verteidigen. Die Küken werden schnell selbstständig, sodass manche Hennen drei- oder sogar viermal im Jahr erfolgreich brüten und Nachwuchs aufziehen. Eine erstaunliche Leistung, mit der sie künftig den Seidenhühnern und Zwerg-Cochin Konkurrenz machen könnten, die bisher als die verlässlichsten Brüterinnen der Hühnerwelt gelten. Gleiches gilt für die Bayerischen Landzwerge, wenngleich sie im Normalfall „nur" zweimal im Jahr brüten. Nicht selten kann man eine Landzwergglucke mit 10 bis 14 Küken beobachten.

Mittlerweile werden sogar, wie früher im Jagdbetrieb üblich, Rebhuhneier mit Glucken dieser Rassen ausgebrütet.

Empfehlungen für Zucht und Haltung: Grundlegendes Ziel sollte der Erhalt der derzeitigen phänotypischen und genetischen Variabilität sein, was am besten in farblich gemischten Stämmen mit mehreren Hähnen (random breeding) erreicht werden kann. Der Einsatz mehrerer Vatertiere hat zudem den Vorteil, dass der Inzuchtzuwachs erheblich minimiert wird. Eine Separierung in einzelne Farbenschläge würde nur dazu führen, dass infolge der Selektion auf das Farbbild zahlreiche kleine Subpopulationen mit hohem Inzuchtgrad entstehen, was dem Überleben der Rassen sicher nicht zugutekäme. Bei den Bayerischen Landzwergen muss bei der Wahl der Zuchttiere darauf geachtet werden, dass sowohl mit rosen- als auch einfachkämmigen Exemplaren sowie mit beiden Lauffarben gezüchtet wird.

Für die Bayerischen Landzwerge bildet sich momentan ein Arbeitskreis zur Rettung der Restpopulation aus, was für die Zukunft der farbenfrohen Hühnchen hoffen lässt. Es wäre schön, wenn mit der Wiederbelebung dieser alten Rassen auch alte Traditionen wiederaufleben könnten.

Definition einer Haustierrasse

Eine Haustierrasse ist zoologisch allgemein als eine Population variierender Individuen definiert, die sowohl genotypisch als auch phänotypisch untereinander mehr Ähnlichkeiten haben als mit Individuen anderer Populationen. Diese Definition lässt eine gewisse Variation zu. Die eine möglichst vollständige Einheitlichkeit fordernde Rassedefinition, die zudem den genotypischen Aspekt weitgehend außer Acht lässt, ist eine Besonderheit des Schauwesens, die in erster Linie als Leitfaden für die Prämierung der Tiere dient.

Das Vorwerkhuhn ist ein gutes Beispiel für eine europäische Rasse die Anfang des 20. Jahrhunderts entstand und gemischter Herkunft ist. Lakenfelder und Orpington zählen zu seinen Ahnen.

Rassen gemischter Herkunft

Die hier vorgestellten Rassen gemischter Herkunft bilden keine Verwandtschaftsgruppe im eigentlichen Sinne und sind auch nicht durch spezifische gemeinsame Merkmale charakterisiert.

Sie ähneln sich aber in ihrer genetischen Zusammensetzung insofern, dass sie sich aus verschiedenen Herkünften zusammensetzen, ohne dass eine dieser Komponenten deutlich überwiegt.

Dabei handelt es sich bei den in Europa und Amerika entstandenen Züchtungen im Allgemeinen um Rassen gemischter europäischer und asiatischer Herkunft, doch fallen in diese Gruppe auch zahlreiche, außerhalb ihrer Heimat kaum bekannte Landschläge des Nahen Ostens und Afrikas, die sich aus dem Westasiatisch-Nordafrikanischen Cluster und verschiedenen asiatischen Herkünften (China, Südostasien, Braunleger) zusammensetzen.

Morphologisch kann es sich bei diesen Rassen um Kombinationen aller drei Typen (Bankiva-, Cochin- oder Malaientyp) handeln. So repräsentieren z. B. die Sulmtaler und Vorwerkhühner eine Synthese von Bankiva- und Cochintyp, während die Kraienköppe Merkmale des Malaien- und Bankivatyps vereinen.

Sulmtaler

Wer in Österreich aufgewachsen ist, kann das Sulmtaler-Huhn leicht als selbstverständlich betrachten und dabei vergessen, wie außergewöhnlich diese Rasse in ihrer Gesamtheit eigentlich ist. Sulmtaler sind schon seit Kaisers Zeiten so etwas wie das österreichische Nationalhuhn gewesen, denn bei Hofe schätzte man sie seinerzeit wegen ihrer überragenden Fleischqualität.

Herkunft und Entstehung: Ebenso wie die Altsteirer sind auch die Sulmtaler Nachfahren des alten Steirischen Landhuhns, das vor Jahrhunderten aus der Kombination bodenständiger Landschläge mit Haubenhühnern aus dem Verwandtschaftskreis der Paduaner hervorgegangen ist.

Obwohl diese Hühner für ihre Leistungseigenschaften, besonders ihre Fleischqualität, allseits geschätzt wurden, bemühte man sich nur unzureichend um ihre Erhaltung, und so kam es in der zweiten Hälfte des 19. Jahrhunderts zu massiven Einkreuzungen von Cochin, Brahma und Langschan, später auch Dorking und Houdan.

Nur der Initiative einzelner Züchter ist es zu verdanken, dass dennoch gleich zwei Varianten dieses indigenen Landhuhns erhalten geblieben sind: Ab 1885 sammelte Emile Martiny aus Graz die letzten ursprünglichen Tiere vornehmlich in den kargen nördlichen Gebirgsregionen und legte so den Grundstein für die Zucht der Altsteirer, die dem alten Typ sowohl habituell als auch genetisch sehr nahekommen dürften.

Ab 1900 suchte der aus Graz stammende Armin Arbeiter bei den Bauern des Sulmtals in den dortigen gemischten Beständen nach Tieren, deren Erscheinungsbild dem alten Typ entsprach, und schuf so das Fundament der seit 1907 als Sulmtaler bezeichneten Rasse, zu deren Festigung in der Folge mehrfach Altsteirer und weizenfarbige Landhühner aus der Untersteiermark hinzugenommen wurden. Dabei standen zunächst Typ und Leistung im Vordergrund, farbliche Aspekte spielten keine Rolle.

Den Zweiten Weltkrieg überlebte die Rasse vornehmlich auf dem Gutshof Dornegg südwestlich von Graz in großen, überwiegend weizenfarbigen und weißen Herden. Die endgültige Festlegung auf die gold-weizenfarbige Variante erfolgte im Heimatland erst 1958. Weiße waren zwar in der ehemaligen DDR standardisiert, verschwanden jedoch komplett und wurden unter Zuhilfenahme von weißen Altsteirern und fehlfarbigen Niederrheinern ab 1997 neu er-

1a

2

1b

3

Bild 1a und 1b: Ein Wickelkamm in Kombination mit einem nicht zu großen Federschopf. Das sind die beiden markantesten Kopfpunkte bei der Sulmtaler-Henne.
Bild 2: Die beiden Zwerg-Sulmtaler-Hennen Ruby und Goldie sind seit vielen Jahren aus den mehreren YouTube-Folgen bekannt.
Bild 3: Beim Sulmtaler-Hahn fällt der Federschopf lang und fransig den Hinterkopf hinab.

Bild 4: Gold-Weizenfarbige Sulmtaler-Küken sind zu Beginn ihres Lebens durchwegs hellgelb gefärbt. Schon kurz darauf dunkeln die Hähne aber stark nach und sind dann leicht identifizierbar.
Bild 5: Ältere Sulmtaler-Hennen entwickeln häufig einen starken Bruttrieb und ziehen auch größere Kükenscharen erfolgreich groß.
Bild 6: Auch im weißen Farbschlag sehen die Sulmtaler klasse aus. Diese Zuchtgruppe beweist neben dem Hund Nervenstärke.

züchtet. In jüngerer Zeit kamen noch die Blau-Weizenfarbigen und die bisher als Schauvariante nicht anerkannten Silber-Weizenfarbigen hinzu. Sulmtaler verkörpern aufgrund ihres höheren asiatischen Anteils einen schwereren Typ als die verwandten Altsteirer, was sich nicht zuletzt auch in der rahmfarbigen bis hellbraunen Eischalenfarbe und den rot durchsetzten Ohrscheiben widerspiegelt.

Erscheinungsbild: Sulmtaler sind schwere, tief gebaute, breite und kaum mittelhoch gestellte Hühner mit Schopf und dem charakteristischen Wickelkamm der Hennen. Dieser Wickelkamm entsteht, wenn der Schopf, der bei der Henne wie bei allen Haubenhuhnverwandten größer ist als beim Hahn, den Kamm leicht nach vorn drückt. Der Schopf beruht auf demselben dominanten Allel Cr, das auch bei den Haubenhühnern die Haubenbildung hervorruft, nur ist diese hier durch die Wirkung verschiedener modifizierender Gene deutlich kleiner ausgebildet.

Die Läufe sind bei den Sulmtalern fleischfarbig, die Ohrscheiben weiß bis rot-weiß. Das Gefieder ist voll entwickelt und wird etwas locker getragen. Hauptfarbenschlag und mit Abstand am häufigsten anzutreffen sind die Weizenfarbigen.

Leistungseigenschaften: Als eine der wenigen waschechten Zweinutzungsrassen kann das Sulmtaler-Huhn auch mit einer guten Legeleistung punkten. In der Regel sind 130 bis 160 rahmfarbige bis hellbraune Eier mit einem Gewicht von ca. 60 g zu erwarten, doch sind auch Leistungen von bis zu 200 Eiern im Jahr möglich.

Wesenseigenschaften: Charakterlich sind Sulmtaler zwar keine übermäßig zutraulichen Hühner, aber andererseits auch keine Wildfänge. Die Hennen neigen nur wenig zum Fliegen, verhalten sich in der Regel ruhig und sind doch wachsam und ständig auf der Suche nach Fressbarem.

Bruttrieb: Sulmtaler sind mit guten Bruteigenschaften gesegnet. Letztere wird man allerdings nur bei älteren Hennen beobachten können, denn in ihrer ersten Legeperiode legen die Hennen nicht selten ohne Pause und denken erst mal nicht ans Brüten. Ab der zweiten Legeperiode erwacht der Bruttrieb dann jedoch plötzlich und von da an verstärkt sich die Neigung zum Brüten von Jahr zu Jahr. Auf einem Selbstversorger-Bauernhof konnten wir einmal fünf alte Sulmtaler-Hennen erleben, die sogar gleichzeitig in den Legenestern das „Synchronbrüten" ausgeübt haben. Sie gerieten alle im April in Brutlaune und hielten die gesamten drei Wochen Brutzeit bis zum Schlüpfen der Küken durch. Eine der Hennen hatte 14 Küken, eine andere immerhin 12 und die anderen drei jeweils um die 8 bis 10. Eine solide Leistung, die sich sehen lassen kann.

Empfehlungen für Zucht und Haltung: Sulmtaler waren seit Beginn ihrer Geschichte Wirtschaftshühner, mit einer ausgezeichneten Fleischqualität und einer sehr guten Legeleistung. Und hier sollte auch in Zukunft der Fokus liegen. Wegen dieser Eigenschaften und des unproblematischen Wesens eignen sie sich ausgezeichnet für Selbstversorger und kleine Nebenerwerbsbetriebe. Die schwere, breite Körperform als Garant für einen guten Fleischansatz und der Erhalt einer Legeleistung von mindestens 140 Eiern sollte im Vordergrund der züchterischen Bemühungen stehen.

Zwergform: Zwerg-Sulmtaler entstanden ab 1953 in Deutschland aus der Großrasse, chamois-weißgesäumten Zwerg-Paduanern, wildfarbigen Deutschen Zwerghühnern, gelben und roten Zwerg-Orpington, schwarzen Landzwerghühnern mit Haube, wildfarbigen Zwerg-Kämpfern und Zwerg-Lachshühnern. Mittlerweile werden sie in den Farbvarianten Gold-Weizenfarbig, Blau-Weizenfarbig, Silber-Weizenfarbig und Blau-Silber-Weizenfarbig gezüchtet.

Sie sind von zutraulichem Wesen und legen zwischen 100 und 120 rahmweiße Eier mit einem Gewicht von mindestens 40 g. Auch bei ihnen ist der Bruttrieb gut ausgeprägt.

Besonders bei der Zwergform kommt der kecke Federschopf am Hinterkopf attraktiv zur Geltung.

Orloff

Das Orloff-Huhn, 1908 in Russland offiziell zum „Nationalhuhn" erklärt, darf in diesem Band als Botschafter für die facettenreiche Hühnerzucht Russlands fungieren, die selbst bis heute nur unzureichend bekannt ist und sicher noch die ein oder andere Überraschung zu bieten hat.

Herkunft und Entstehung: Die Vorfahren der Orloff sind russischen Quellen zufolge bartlose, hochbeinige Hühner mit gelben Läufen und Schnäbeln. Sie wurden zwischen 1737 und 1741 mehrfach unter dem Namen Gilanki oder Gilanski aus der persischen, südwestlich an das Kaspische Meer angrenzenden Provinz Gilan nach Russland eingeführt und dort mit den heimischen bärtigen Uschanka gekreuzt. Das bestätigt zumindest teilweise auch die Admixture-Analyse.

Bild 1: In typischer aufgerichteter Haltung erkundet dieses Trio rotbunter Orloff-Zuchttiere die Wiese.

Bild 2: Ein Orloff-Hahn im Farbschlag Rotbunt mit zwei passenden Hennen.

Bild 3: Der Wulstkamm, die überstehenden Augenbrauen sowie der üppige Bart machen den Kopf des Orloff-Hahns sehr markant.

Bild 4: Eine Orloff-Henne im Kopfportrait.

- Ihr Genpool beinhaltet einen deutlichen, etwa 45 % umfassenden europäischen Anteil, der sich relativ gleichmäßig auf das Westeuropäische und Osteuropäische Cluster verteilt. Komponenten also, die in ihrer Zusammensetzung klar für die Beteiligung russischer Landschläge aus der Gruppe der Bart-Haubenhühner sprechen.
- Weiterhin bestätigt wird der Input persischer Hühner, der sich in einer für russische Rassen überdurchschnittlich hohen Frequenz des Westasiatisch-Nordafrikanischen Clusters im Umfang von 10 % niederschlägt.
- Deutlich schwieriger ist die Einordnung des Chinesischen Clusters, das mit fast 35 % die größte Komponente im Genpool der Orloff ausmacht. Denkbar ist einerseits, dass bereits die persischen Gilanki von Rassen im schweren asiatischen Typ beeinflusst waren. Genauso ist aber möglich, dass diese Beimischung, wie bei anderen russischen Rassen auch, erst später mit der weltweiten Verbreitung asiatischer Rassen Ende des 19. Jahrhunderts hinzukam.

Das überaus dichte Federkleid der Orloff legt nahe, dass es sich bei diesen asiatischen Hühnern um Brahma-Verwandte gehandelt hat, was auch die Herkunft ihrer Kammform (der Wulstkamm resultiert aus der Kombination von Erbsen- und Rosenkamm) erklären würde.

Keine Hinweise fanden sich jedoch auf den immer wieder angeführten Malaien-Einfluss, da der hierfür notwendige „Marker", also das Südostasiatische Cluster, mit nur etwa 5 % kaum nennenswert vorhanden ist. Damit in Einklang steht auch das äußert friedfertige, verträgliche Wesen der Orloff, das bei einem hohen Kampfhuhnanteil sicher kaum zu erwarten wäre.

Es liegt also nahe, die Orloff als einen „Drei-Wege-Mix" aus russischen Landschlägen, persischen Hühnern und Brahma-Verwandten zu charakterisieren. Nach Deutschland kamen Orloff erstmals 1884, bevor sie durch einen erneuten Import im Jahr 1910 dauerhaft etabliert wurden.

Erscheinungsbild: Orloff sind kräftige, aufgerichtete Hühner mit gelben, gut mittellangen Läufen und einer leicht abfallenden Haltung der Hähne. Blickfang sind zweifellos die Kopfpunkte mit dem ausgeprägten Bart, der „Halskrause", den perlfarbigen bis orangeroten Augen, dem gelben Schnabel und dem kleinen Wulstkamm.

Viele ihrer Merkmale sind als Anpassung an kalte, frostige Klimabedingungen zu interpretierten. So haben Orloff ein ausgesprochen dichtes, ja fast schon übermäßig stark entwickeltes Federkleid. Hinzu kommt der aus zwei Backenbärten und einem rundlich wirkenden Kinnbart zusammengesetzte Vollbart. Zusammen mit dem kleinen Kamm bietet er nur wenige Angriffspunkte für Frost, und das gewährleistet einen optimalen Schutz für Kopf und Gesicht.

Die Ausbildung des Bartes wird monogen durch nur einen weitgehend dominanten Faktor vererbt, der als Ba oder Mb bezeichnet wird. Mit ihm einher gehen eine Verkümmerung der Kehllappen und die Ausbildung der typischen „Halskrause".

Am häufigsten trifft man Orloff im Farbenschlag Rotbunt an, bei dem das Gefieder dank kastanienroter, schwarzer und weißer Partien dreifarbig gescheckt erscheint. Dieses Farbbild ist eine Abwandlung der Porzellanfarbe, zu der hier noch der Rotverstärker Mahogany (Mh) hinzukommt (Co mo Mh s^{+}). Basis können sowohl die Allele der Wild- als auch der Weizenfarbe sein.

Fehlt der Mottled-Faktor (mo), entsteht als weitere Variante der dunkelrote, als Mahagonifarbig bezeichnete Farbenschlag, der in dieser Form nur von den Orloff und ihrer Zwergform bekannt ist.

> Orloff zeigen alle Merkmale einer Anpassung an kalte Klimabedingungen.

Weitere Farbenschläge sind Schwarz, Weiß, Gesperbert und Schwarz-Weißgescheckt.

Leistungseigenschaften: Die Hennen legen je nach Zuchtlinie zwischen 120 und 170 weiße bis bräunliche, mindestens 56 g schwere Eier.

Wesenseigenschaften: Orloff sind ausgesprochen ruhige und friedfertige Hühner, sodass es zuweilen sogar möglich ist, mehrere Hähne gemeinsam zu halten. Sie sind leicht zu zähmen und anhänglich.

Bruttrieb: Der Bruttrieb ist bei den Orloff zwar grundsätzlich vorhanden, jedoch in den einzelnen Zuchtlinien mit unterschiedlicher Frequenz.

Empfehlungen für Zucht und Haltung: Aufgrund ihrer extrem positiven Charaktereigenschaften eignen sich Orloff genau wie ihre Zwergform hervorragend als Familien- und Gartenhühner. Sie sind robust und bereiten keinerlei Probleme in Haltung, Aufzucht und Reproduktion. Da sie weder nervös noch sonderlich flugtüchtig sind, müssen auch an die Ausläufe keine besonderen Ansprüche gestellt werden.

Zwergform: Die Verzwergung der Orloff wurde in den 1920er-Jahren in Deutschland begonnen, wobei unklar ist, welche Rassen außer der Großform hier beteiligt waren. Aus dieser Zucht überlebten jedoch nur ein Hahn und einige Kreuzungshennen mit Zwerg-Rhodeländern, die dann ab 1947 zusammen mit „bunten" Chabohennen und Antwerpener Bartzwergen zum Neuaufbau der Zucht in den Farbenschlägen Rotbunt und Mahagonifarbig dienten. Mittlerweile sind noch Schwarze, Weiße, Gesperberte und Schwarz-Weißgescheckte hinzugekommen. Bezüglich ihrer Eigenschaften gilt für Zwerg-Orloff alles, was auch über die Großrasse gesagt wurde, jedoch mit dem Unterschied, dass der Bruttrieb bei den Zwerg-Orloff nicht nur vorhanden, sondern sogar stark ausgeprägt ist.

Die Legeleistung liegt zwischen 110 und 170 weißen bis bräunlichen, mindestens 35 g schweren Eiern.

Rassen südostasiatischer Herkunft

Diese Gruppe ist gekennzeichnet durch eine hohe Frequenz des Südostasiatischen Clusters und umfasst neben verschiedenen Landhuhnformen, von denen in Europa die Cemani die bekanntesten sein dürften, alle asiatischen Kampfhühner, sowohl des Malaien- als auch des Bankivatyps sowie deren außerasiatische Nachfahren.

Im Zuge der weltweiten Ausbreitung dieser Rassen seit dem 18. Jahrhundert kam es fast überall zu Kreuzungen mit indigenen Haushuhnformen. Das ist auch der Grund, warum die europäischen Malaientypen und Langschwanzrassen wie Asil, Malaien, Sumatra und Yokohama einen europäischen Anteil von ca. 25 bis 50 % aufweisen, Shamo und Ko Shamo als japanische Kampfhühner mit einer signifikanten Frequenz des Japanischen Clusters ausgestattet sind (15–30 %) und bei Afrikanischen Kämpfern das heimische Westasiatisch-Nordafrikanische Cluster mit über 50 % sogar dominiert.

Charakteristisch für asiatische Kampfhühner sind die Kammformen Erbsenkamm und Wulstkamm, deren Ausprägung durch zwei Genorte codiert wird. Der Erbsenkamm beruht auf dem dominanten Allel P (Peacomb), während ein weiterer Genort mit dem ebenfalls dominanten Alle R (Rosecomb) die Ausbildung des Rosenkamms determiniert.

Der Erbsenkamm hat dementsprechend die Erbformel P r^+, der Rosenkamm p^+ R und der Einfachkamm p^+ r^+. Kommen die Allele für Erbsenkamm und Rosenkamm zusammen vor, entsteht als Kreuzungsneuheit der Wulstkamm P R. Aufgrund der Wirkung von P gehen sowohl Erbsenkamm als auch Wulstkamm mit einer Verkleinerung der Kehllappen einher.

Mittlerweile sehr bekannt: Das tiefschwarze, dunkelhäutige Ayam Cemani-Huhn aus Indonesien.

Bild 1: Dieser Zwerg-Asil-Hahn im Farbschlag Rotbunt strahlt trotz seiner geringen Größe Stolz und Selbstbewusstsein aus.
Bild 2: In der Seitenansicht wird klar, dass die Zwerg-Asil zu den Kämpferrassen mit vergleichsweise dichter und vollständiger Befiederung zählen. Fotos © Magnus Erdtmann

Asil

Der Hahnenkampf gilt als eine der ältesten Motivationen für die Zucht von Haushühnern. Es ist daher nicht verwunderlich, dass die süd- und südostasiatischen Kampfhuhnrassen, die inmitten des einstigen Domestikationszentrums entstanden sind, zu den ältesten Hühnerrassen überhaupt gezählt werden.

Eine davon sind die Asil (auch Aseel oder Azeel), die als die Kampfhuhnvariante des indischen Subkontinents weltweit bekannt wurden. Ihr Name bedeutet übersetzt etwa „echt", „hochgeboren" oder „von langem Stammbaum".

Herkunft und Entstehung: Da die Zucht von Kampfhühnern in Indien seit etwa 3.000 Jahren überliefert ist, könnten die Vorfahren der Asil tatsächlich bis in diese Zeit zurückreichen. Welche der zahlreichen lokalen Schläge dabei die Basis der in Europa gezüchteten Variante bilden, ist jedoch unklar. Im Heimatland unterscheidet man grob zwei geografische und morphologische Typen: die größeren und schwereren „Kulang"-Typen des Südostens, wie sie z. B. durch die in Mitteleuropa gezüchteten Madras repräsentiert werden, und die leichteren, als „Raja Asil" oder „Raja Murgh" bezeichneten Schläge des Nordwestens.

Nach Europa kamen die indischen Kampfhühner ab Mitte des 18. Jahrhunderts, wo dann im Lauf der Zeit der heutige Ausstellungstyp geformt wurde. Daran waren neben den Indienimporten wohl auch Altenglische Kämpfer beteiligt, wie ein europäischer Genanteil von 25 % nahelegt, der in seiner Zusammensetzung weitgehend dem der Letzteren entspricht.

Da im SYNBREED-Projekt auch Asil aus Pakistan typisiert wurden, die aufgrund ihrer Herkunftsregion den Raja-Schlägen zuzuordnen sind, bietet sich die Möglichkeit eines Vergleichs mit der europäischen Zuchtform.

- Während bei beiden das Südostasiatische Cluster erwartungsgemäß dominiert und etwa gleich stark ist, weisen die pakistanischen Asil einen deutlich höheren westasiatisch-nordafrikanischen Anteil auf.

Bild 3: Zwerg-Asil werden häufig als Trio gehalten. Vertragen sich die beiden Hennen nicht, ist auch die paarweise Haltung möglich. Foto © Magnus Erdtmann

Bild 4: Die wulstigen Augen der Asil werden in der Fachsprache auch als „Perlaugen" bezeichnet. Foto © Magnus Erdtmann

Bild 5 und 6: Im Schaukäfig machen sich die Zwerg-Asil dank ihrer Nervenstärke zumeist sehr gut und ernten Bewunderung bei den Besuchern. Foto © Robert Höck

Bild 7: In der Seitenansicht kommen der tiefe Stand (kurze Beine) und der kompakte Körperbau bei dieser Zwerg-Asil-Henne gut zur Geltung. Foto © Magnus Erdtmann

- Die sehr viel geringere Frequenz dieser Komponente bei den deutschen Asil deutet auf einen eher südlichen Ursprung hin und legt nahe, dass deren Ausgangsbestände nicht, wie vielfach vermutet, in den nordwestlichen Raja-Schlägen, sondern vielmehr bei leichteren Varianten des indischen Südens zu suchen sind.

Die deutschen Asil, untersucht wurden die Rotbunten, zeigen mit Werten von 0,208 bzw. 0,810 für Heterozygotie und Polymorphie eine vergleichsweise große genetische Variabilität, werden jedoch darin von ihren pakistanischen Verwandten noch übertroffen (0,297 bzw. 0,877).

Erscheinungsbild: Asil verkörpern ein knapp mittelgroßes Kampfhuhn im Malaientyp mit sehr harter Bemuskelung und knappem, fest anliegendem Gefieder. Sie sind starkknochig, aufgerichtet, gedrungen und eher niedrig gestellt. Der Kopf ist kurz und breit und trägt einen wenig entwickelten Erbsenkamm. Die Augen sollen möglichst weiß (perlfarbig) sein, die Kehllappen fehlen und sind durch eine dunkle Kehlhaut ersetzt, die Ohrlappen sind rot, die kräftigen Läufe gelb.

Gezüchtete Farbenschläge sind Rotbunt, Blau-Rotbunt, Gelbbunt, Blau-Gelbbunt, Wildfarbig, Fasanenbraun, Blau-Silberhalsig, Gold-Weizenfarbig, Rotgesattelt, Weiß, Blau und Schwarz-Weißgescheckt Am häufigsten treten die Rotbunten auf, deren Zeichnung genetisch jener der Orloff entspricht (Co mo Mh s^+).

Leistungseigenschaften: Als originäre Kampfhühner sind Asil nie in Richtung Legeleistung selektiert worden. Das Legen dient daher wie bei den Wildhühnern in erster Linie der Reproduktion. Zu erwarten sind 30 bis 70 cremefarbige bis hellbraune, ca. 40 g schwere Eier.

Wesenseigenschaften: Asil sind zutraulich und können bei entsprechender Betreuung schnell handzahm werden. Als Kampfhühner sind sowohl die Hähne als auch die Hennen mutig und gegenüber Artgenossen aggressiv. Im Gegensatz zu den meisten Hühnerrassen leben sie weitgehend monogam.

Bruttrieb: Der Bruttrieb ist bei Asil-Hennen ausgeprägt vorhanden. Sie sind gute Glucken und ausgezeichnete Mütter.

Empfehlungen für Zucht und Haltung: Da die Tiere zur Monogamie neigen und auch die Hennen oft recht aggressiv sind, empfiehlt sich die Haltung als Paar. Je nach Charakter und Platzverhältnissen ist auch die Haltung in einer kleinen Gruppe aus einem Hahn und zwei Hennen möglich.

Die paarweise Haltung und die daraus resultierende größere Anzahl an Vatertieren in der Zucht haben sicher mit dazu beigetragen, dass Asil eine höhere genetische Variabilität zeigen als viele andere Schaurassen.

Um Konflikte zu vermeiden ist es notwendig, die Junghähne beizeiten zu trennen. Es hat sich bewährt, in der Aufzucht einen Althahn zu den Junghähnen zu setzen, um deren Aggressionsverhalten zu kontrollieren. In keinem Fall sollte man jedoch ausgewachsene Hähne zusammen halten.

Da die Tiere weder ängstlich noch schreckhaft sind und daher von ihrer Flugfähigkeit im Allgemeinen wenig Gebrauch machen, sind hohe Umzäunungen nicht notwendig.

Wegen ihrer knappen Befiederung sollten die Ställe im Winter nicht zu kalt sein.

Zwergform: Nachdem die ersten Ende des 19. Jahrhunderts in England erzüchteten Zwerg-Asil nach anfänglich guter Verbreitung wieder verschwanden, gehen die heutigen Tiere auf eine erneute Verzwergung zurück, die in den 1980er-Jahren in Belgien mithilfe der Großrasse, Indischen Zwerg-Kämpfern und möglicherweise auch kleinen japanischen Kämpfern aus dem Verwandtschaftskreis der Ko Shamo vorgenommen wurde.

Die Farbenschläge sind Weiß, Rotbunt, Gelbbunt und Schwarz-Weißgescheckt.

Zwerg-Asil legen etwa 80 bis 90 cremefarbige bis bräunlich schattierte, 30 bis 35 g schwere Eier.

Sie entsprechen in ihrem Wesen weitgehend der Großrasse, sind gute Brüter und neigen ebenfalls zur Monogamie.

Vergleich der genetischen Zusammensetzung deutscher und pakistanischer Asil

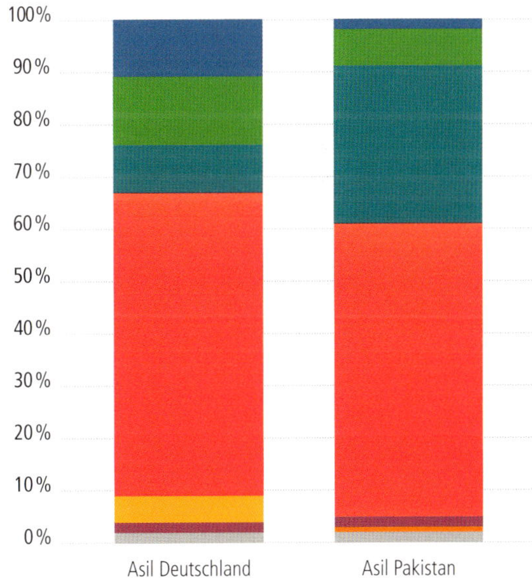

Vereinfachte Darstellung auf Basis der Admixture-Analyse im SYNBREED chicken diversity panel (MALOMANE et al. 2019)

Sumatra

Wer schwarze Hühner als fade empfindet, hat vermutlich noch nie eine Truppe der nur auf den ersten Blick tiefschwarzen Sumatra in hühnergerechter Freilaufhaltung beobachten dürfen. Im Gefieder dieser Rasse kommt es je nach Tageszeit und Lichteinfall zu faszinierenden Farbspiegelungen, die sich überwiegend im Spektrum zwischen Blau und Grün bewegen. In dieser Intensität findet sich der „Grünlack", wie ihn Züchter nennen, bei keiner anderen Rasse.

Herkunft und Entstehung: Geschichtlich betrachtet entsprechen die Sumatra zweifelsfrei einem alten, ursprünglichen Hühnertypus der Sundainseln, der in seiner Heimat als „Ayam Gallak" bezeichnet wurde, dort aber mittlerweile als ausgestorben gilt.

Erstmals sind Sumatra 1847 zunächst in die USA gebracht worden und von dort aus als seltenes Luxusgut schließlich 1870 nach England und 1882 nach Deutschland. Ebenso wie bei anderen asiatischen Kämpfern und Langschwanzrassen kam es in Europa zur Auffrischung mit Altenglischen Kämpfern, sodass der europäische Anteil bei den Sumatra nach deren erneuter Hinzunahme in den 1990er-Jahren mittlerweile ca. 50 % beträgt. Die

Bild 1: Wildfarbige Sumatra zeigen auffallend viel Schwarzpigment und Grünlack. Der Hahn besticht zusätzlich mit intensiven Rottönen.
Bild 2: Schwarze Sumatra sind auch an den Hautpartien relativ dunkel pigmentiert.
Bild 3: Drei Sumatra-Hennen im Farbschlag Wildfarbig.
Bild 4: Als Kopfschmuck trägt dieser Sumatra-Hahn einen Erbsenkamm.
Bild 5: Weltberühmt ist die Rasse Sumatra für den unübertroffenen Grünlack im Gefieder, was bei diesem Junghahn toll zur Geltung kommt.

Zusammensetzung der übrigen genetischen Komponenten entspricht ziemlich genau jener indigener Rassen des Malaiischen Archipels und zeigt nicht ganz unerwartet starke Gemeinsamkeiten mit den Cemani. Sie stammen aus derselben Ursprungsregion wie die Sumatra und zeigen wie diese sowohl eine dunkle Pigmentierung der Haut als auch eine schwarze Gefiederfarbe.

Im Einzelnen zeigt die Clusterung einen jeweils starken westeuropäischen (knapp 30 %) und osteuropäischen Anteil (ca. 20 %), der sehr gut den Einfluss der Altenglischen Kämpfer widerspiegelt, während die asiatische Komponente sich vorwiegend aus dem dominierenden Südostasiatischen (knapp 35 %) und dem Chinesischen Cluster (gut 10 %) zusammensetzt. Hinweise auf die zuweilen vermutete Abstammung von einer ausgestorbenen Wildhuhnart liegen zwar nicht vor, doch konnten bei den indonesischen Hühnern generell Genanteile der beiden Unterarten *Gallus gallus gallus* (bis zu 10,7 %) und *Gallus gallus bankiva* (bis zu 6,5 %) nachgewiesen werden, die bei Rassen anderer Herkünfte nicht vorhanden sind (WANG et al. 2020).

Sumatra haben ihren außergewöhnlichen Grünglanz an zahlreiche andere Rassen weitergegeben und waren u. a. an der Entstehung der Deutschen Langschan, der Sachsenhühner und der schwarzen Hamburger beteiligt.

Erscheinungsbild: Sumatra sind fasanenartige und federreiche Hühner im eleganten Kämpfertyp mit langer und voller Schwanzbefiederung. Sie haben einen Erbsenkamm, schwarz-rote Ohrlappen und grün-schwarze Läufe, an denen bei den Hähnen mehrere Sporen ausgebildet sind. Diese Mehrsporigkeit, die auch bei den Cubalaya vorkommt, beruht auf dem Faktor M, der dominant über die einfache Sporenzahl (Faktor m^+) ist.

Ein wichtiges Unterscheidungsmerkmal zu den nah verwandten Yokohama ist die Stabilität der Sichelfedern im Hahnenschwanz. Während sich die Sicheln bei den Sumatra straff und steif nach hinten biegen, hängen die längsten Federn bei den Yokohama durch, nicht fähig, das eigene Gewicht zu tragen. Bei den schwarzen Sumatra ist neben dem Gefieder auch die Haut vergleichsweise dunkel. Kamm, Gesicht und Kehllappen sind maulbeerfarben und können insbesondere bei den Hennen fast ebenso dunkel wie die Befiederung ausfallen. Das ist keineswegs ein Alleinstellungsmerkmal für die Rasse, im Gegenteil, es finden sich in Ost- und Südostasien zahlreiche Beispiele für Hühnerrassen mit extrem dunkler Pigmentierung. Da wären beispielsweise die bereits genannten Cemani aus Indonesien, die Ga H'Mong aus Vietnam und die Seidenhühner aus China, welche allesamt die Sumatra in dieser Hinsicht sogar noch übertreffen.

Zu den klassischen Schwarzen kamen in den 1950er-Jahren noch Schwarz-Rote durch die Mitwirkung von Yokohama hinzu; Wildfarbige, die gelegentlich aus den Schwarzen anfielen, wurden in der ehemaligen DDR standardisiert.

Leistungseigenschaften: Die Hennen legen ca. 120 weiße bis gelbliche Eier mit einem Gewicht von 50 bis 55 g. Die Eier werden von den Hennen nur zu bestimmten Zeiten im Jahr abgelegt.

Wesenseigenschaften: Sumatra sind generell zahme Tiere, die sehr menschenbezogen werden, wenn man sich mit ihnen beschäftigt. Sie sind jedoch auch aktiv und robust mit viel Freiheitsdrang, verwildern leicht und halten dann eine große Fluchtdistanz. Es empfiehlt sich daher der tägliche, sanfte Umgang mit den Wildfängen, um eine gewisse Vertrautheit aufrechtzuerhalten.

Bruttrieb: Insbesondere bei Freilaufhaltung begeistern sich ältere Hennen früher oder später auch für die Brut. Sie sind dabei aufmerksame Glucken und für außerordentlich lange Betreuungszeiten von bis zu drei Monaten bekannt. Man sollte übrigens aufpassen, dass die Glucke den Küken nicht das Aufbaumen beibringt, denn dann kann es vorkommen, dass die ganze Hühnerfamilie auf dem Hofbaum nächtigt, eine Angewohnheit, die man ihnen nur durch Einsperren wieder abgewöhnen kann.

Empfehlungen für Zucht und Haltung: Da Sumatra robuste Hühner sind, ist ihre Haltung prinzipiell unproblematisch. Man sollte ihnen jedoch nach Möglichkeit Freilauf bieten und die Sitzstangen wegen des langen Schwanzgefieders der Hähne hoch genug anbringen. Aufgrund ihrer Kampfhuhnverwandtschaft kann es bei der Aufzucht der Junghähne zu Aggressionen kommen, die, wie bei den Asil beschrieben, durch Zusetzen eines Althahns minimiert werden können.

Futter

Da zum Aufbau des Schwanzgefieders viel Protein benötigt wird, reicht handelsübliches Geflügelfutter nicht aus. Es sollten zusätzlich entsprechende Spezialfuttermischungen verwendet werden.

Zwergform: Zwerg-Sumatra wurden schon seit Mitte des 20. Jahrhunderts in den USA und wenig später auch in England gezüchtet. Über die Niederlande gelangten sie schließlich Anfang der 1980er-Jahre nach Deutschland, wo die bereits ingezüchteten Bestände kurze Zeit später mit schwarzen Zwerg-Hamburgern aufgefrischt wurden. Parallel dazu erfolgte in Deutschland eine weitere Herauszüchtung über die Großrasse, birkenfarbige Moderne Englische Zwergkämpfer und schwarze Zwerg-Phönix. Die heutige Population basiert auf der Kombination dieser beiden Linien, das Farbenschlagrepertoire entspricht dem der Großrasse. Zwerg-Sumatra gleichen in ihren Eigenschaften weitgehend der Großform, sind jedoch aufgrund ihrer geringeren Größe aktivere Flieger. Die Legeleistung ist im Bereich von 90 bis 110 mindestens 30 g schweren weißen bis gelblichen Eiern einzuordnen.

Bild 1: Yokohama-Hahn im Farbschlag Weiß-Rotgezeichnet.
Bild 2: Die weiße Tropfenzeichnung auf roter Brust ist bei diesem Yokohama-Hahn sehr hübsch anzusehen.

Yokohama

Die Hafenstadt Yokohama, südlich von Tokio gelegen, ist weltberühmt und auch in der Geflügelzucht von besonderer Bedeutung. Schließlich ist sie der Ort, an dem auch die Zuchtgeschichte einer der anmutigsten Hühnerrassen begann, nämlich des erhabenen Yokohama-Huhns.

Herkunft und Entstehung: Auch wenn die Vorfahren der Yokohama aus Japan nach Europa gekommen sind, liegt ihr eigentlicher Ursprung, wie der aller japanischer Rassen mit Kampfhuhnattributen, im südostasiatischen Raum, was nicht zuletzt auch in der von „Siam" (alter Name Thailands) abgeleiteten Bezeichnung „Shamo" für alle japanischen Kämpfervarianten zum Ausdruck kommt.

Dementsprechend dominiert in der Admixture-Analyse das Südostasiatische Cluster mit gut 30 % und ist damit fast doppelt so stark wie das Japanische. Hinzu kommen die beiden Chinesischen Cluster mit knapp 20 % und ein europäischer Anteil von etwa 30 %, dessen Zusammensetzung (siehe Asil und Sumatra) einen klaren Bezug zu den Altenglischen Kämpfern erkennen lässt.

Die Vorfahren der Yokohama sind zweifelsfrei die japanischen Minohiki. So zeigt ein japanisches Gemälde aus dem Jahr 1923 neben anderen Farbvarianten dieser Rasse auch einen weiß-roten Hahn, der den heutigen Yokohama frappierend

ähnlich sieht. Solche Tiere gelangten 1864 über den Seeweg nach Paris und erhielten hier den Namen jener Stadt, aus der sie importiert wurden.

Die Minohiki ihrerseits sind nach japanischen Angaben zu Beginn des 17. Jahrhunderts aus Shamo-Varianten und Shôkoku entstanden, was sowohl phänotypisch als auch vor dem Hintergrund der Admixture-Analyse plausibel erscheint.

Erscheinungsbild: Yokohama wirken in ihrer gesamten Erscheinung leichtfüßig und natürlich, man könnte auch sagen fasanenartig. Der Körper ist gestreckt und wird leicht abfallend getragen, das Gefieder ist lang und reich entwickelt, die Farben satt und glänzend. Zudem tragen sie einen kleinen Wulstkamm, haben gelbe Läufe und rote Ohrlappen.

Die Farbvarianten:

- Bei der als Weiß-Rot bezeichneten Farbgebung wechseln sich weiße und rotbraune Zonen im Gefieder auf kontrastreiche Art und Weise ab. Als Highlights dieser Komposition können dabei sowohl die weißen Tropfen auf roter Brust als auch die strahlend weißen Schwanzfedern gelten, die bei beiden Geschlechtern übermäßig lang entwickelt sind. Es handelt sich dabei um eine Abwandlung der als Rotgesattelt bezeichneten Färbung, die darauf beruht, dass die schwarzen, durch Eumelanin gebildeten Partien der Wildfarbe durch dominantes Weiß (Faktor I) herausgelöscht werden und so nur die brauen und goldenen, auf Phäomelanin beruhenden Elemente übrig bleiben. Da bei den Yokohama jedoch noch die an eine Tupfung erinnernde weiße Tropfenzeichnung hinzukommt, scheint hier eine ähnliche Kombination wie bei den chamois-weißgetupften Varianten (Pg Db Ml I) vorzuliegen. Zwei Unterschiede gibt es aber: Bei den Yokohama ist die Weißzeichnung viel ausgeprägter und das Gold zu Rot intensiviert. Ersteres könnte auf einen zusätzlichen Eumelanin-Verstärker hindeuten (siehe auch Bergische Kräher, Seite 65), der für eine Ausdehnung des schwarzen Pigments verantwortlich ist. Hier wird es allerdings durch dominantes Weiß blockiert, sodass im Umkehrschluss der Weißanteil steigt. Die intensive Rotfärbung lässt auf das zusätzliche Wirken des Faktors Mahogany (Mh) schließen, der die Goldbestandteile der Wildfarbe zu gleichmäßigem Rot verstärkt. Eine mögliche Erbformel der Yokohama-Zeichnung wäre danach e^{b} bzw. e^{wh} Pg Db Ml I Mh s^{+} + Eumelanin-Verstärker.
- Neben Weiß-Rot gibt es auch eine weiße Farbvariante, die unter dem Einfluss weißer Phönix in den 1870er-Jahren entstanden ist.

Leistungseigenschaften: Die Hennen legen jährlich 80 bis 100 rötlich gelbe bis gelbe, mindestens 40 g schwere Eier.

Wesenseigenschaften: Yokohama sind den ganzen Tag auf Futtersuche, fliegen überraschend wenig und sind insgesamt sehr ausgeglichene und ruhige Hühner mit zutraulichem Wesen.

Bild 3: Yokohama-Hähne sind trotz eines gewissen Kämpfereinschlages ihrer Rasse meistens sehr verträglich.

Bild 4: Dieses Yokohama-Küken ist eine Woche alt und konnte seine Schlupfgröße bereits verdoppeln.

Bild 5a und 5b: Yokohama-Hennen kümmern sich mit Ruhe und Gelassenheit um ihre anfangs rotköpfigen, Küken.

Bild 6: Viele Yokohama-Hähne krähen besonders schön und melodisch.

Bruttrieb: Die Hennen haben einen stark entwickelten Bruttrieb und führen ihre Küken teils vier Monate lang, wenn die jungen Hähne schon mit dem Krähen beginnen.

Empfehlungen für Zucht und Haltung: Zweifelsfrei sind Yokohama eine faszinierende Rasse für alle, denen optische Perfektion und natürliche Verhaltensweisen wichtiger sind als Leistungsattribute. Im Stall benötigen Yokohama ausreichend Platz und die Sitzstangen sollten mindestens 40 cm von der Stallwand entfernt sein, damit die Hähne sich ihre langen Federsicheln nicht abstoßen. Auch die Legenester der Hennen müssen etwas breiter dimensioniert sein, denn auch sie haben ein gut entwickeltes Schwanzgefieder.

Futter

Da zum Aufbau des Schwanzgefieders viel Protein benötigt wird, reicht handelsübliches Geflügelfutter nicht aus. Es sollten zusätzlich entsprechende Spezialfuttermischungen verwendet werden.

Zwergform: Zwerg-Yokohama wurden ab 1956 auf Basis der Großrasse, weißen und schwarzen Deutschen Zwerghühnern, rotgesattelten Modernen Englischen Zwerg-Kämpfern und Phönix erzüchtet. Auch sie sind in Weiß-Rot und Weiß anerkannt. Abgesehen von der Größe entsprechen sie in ihren Eigenschaften weitgehend der Großrasse. Ihre Legeleistung beträgt 50 bis 100 gelbliche, mindestens 30 g schwere Eier.

Das riesenwüchsige Brahma-Huhn, hier im Farbschlag Blau, gilt unter Rassegeflügelzüchtern als beliebteste Hühnerrasse mit ostasiatischer Herkunft.

Rassen ostasiatischer Herkunft

Charakteristisch für diese Gruppe ist eine hohe Frequenz des Chinesischen Clusters bzw. dessen Abspaltung, des Seidenhuhn- und Zwerg-Cochin-Clusters. Sie umfasst alle indigenen chinesischen Rassen und deren europäische Zuchtformen.

Morphologisch lassen sich bei den europäischen Rassen dieser Gruppe zwei Typen bzw. Größenvarianten unterscheiden, die auch in genetischer Hinsicht differenziert werden können:

- Rassen im schweren asiatischen Typ (Cochintyp): Bei diesen massigen, mehr oder weniger würfelförmigen Hühnern dominiert das Chinesische Cluster deutlich mit 70 bis 90 %. Moderate Frequenzen erreicht zudem noch das Seidenhuhn- und Zwerg-Cochin-Cluster mit Werten von bis zu 15 %.
- Rassen im leichten asiatischen Typ: Dies betrifft die Seidenhühner und Zwerg-Cochin, die, abgesehen von ihrer Größe, weitgehend den Rassen im schweren asiatischen Typ entsprechen. Sie sind gekennzeichnet durch eine praktisch vollständige Dominanz des Seidenhuhn- und Zwerg-Cochin-Clusters.

Demgegenüber sind indigene chinesische Rassen unabhängig von ihrer Größe durch eine relativ homogene Zusammensetzung gekennzeichnet, bei der das Chinesische Cluster ca. 50 % umfasst, das Südostasiatische und das Seidenhuhn- und Zwerg-Cochin-Cluster jeweils etwa 20 % einnehmen und die verbleibenden knapp 10 % durch das Japanische Cluster gebildet werden.

Als Rassen des Cochin-Typs beschreiben wir im Folgenden die Brahma und Orpington, als Rassen im leichten asiatischen Typ die Seidenhühner und Zwerg-Cochin.

Bild 1: Brahma-Hähne sind untereinander vergleichsweise friedfertig und verträglich.
Bild 2: Weiß-Schwarzcolumbia, früher Hermelin genannt, zählt zu den historisch wichtigsten Farbschlägen der Brahma-Hühner.

Brahma

Brahma zählen mit ca. 70 cm Höhe und einem Gewicht von 4 bis 6 kg zu den imposantesten Hühnerrassen der Welt. Nicht umsonst bezeichnen Züchter aus den USA die Rasse gern liebevoll als „The Giant King Of All Poultry" (Der riesenhafte König allen Geflügels).

Herkunft und Entstehung: Die ersten Brahma lassen sich auf drei Paare „hellgrauer" und „dunkelbrauner" Riesenhühner zurückführen, die 1846 von einem aus Indien kommenden Schiff in die USA gelangten. Diese sollen aus Lakhimpur, einer Stadt im südlich von Nepal gelegenen nordindischen Bundesstaat Uttar Pradesh stammen. Sollte dies zutreffen, wäre das ein weiterer Hinweis dafür, dass der Typus asiatischer Riesenhühner eine Anpassung an die kalten Klimabedingungen des Himalaja darstellt.

Brahma zeigen von allen analysierten Rassen mit ca. 90 % die höchste Frequenz des Chinesischen Clusters und übertreffen darin sogar noch die mit ihnen nah verwandten Cochin. Damit sind sie quasi

Bild 3: Eine Brahma-Zuchtgruppe im Farbschlag Rebhuhnfarbig-Gebändert.
Bild 4a: Der Hahn der rebhuhnfarbig-gebänderten Brahma zeigt an Stelle einer Bänderung hauptsächlich Rot- und Kupferfarben in Kombination zu Schwarz.
Bilder 4b bis 4e: Rebhuhnfarbig-Gebändert (b), Silberfarbig-Gebändert (c), Weiß-Schwarzcolumbia (d), Isabell-Perlgrau-Gebändert (e)
Bild 5: Eine ausdrucksstarke Brahma-Henne in Silberfarbig-Gebändert.
Bilder 6a und 6b: Allein die aparte Gefiedermelierung der Hennen erklärt bei den rebhuhnfarbig-gebänderten (a) Brahma wie es zur Bezeichnung des Farbschlags kam. Rot und Kupfertöne (b) in der Befiederung eines Rebhuhnfarbig-Gebänderten Brahma-Hahns.
Bild 7: Die Pastelltöne der isabell-perlgrau-gebänderten Brahma haben auch etwas für sich.

der „Prototyp" der asiatischen Riesenhühner. Sich hartnäckig haltende Theorien, nach denen sie aus einer Kreuzung von Cochin und Malaien hervorgegangen seien, sollten damit endgültig widerlegt sein. Wenig bekannt ist auch, dass in der Ursprungspopulation neben Erbsenkämmen auch Einfachkämme vorkamen, die Festlegung auf den Erbsenkamm also erst im Rahmen der Standardisierung erfolgte.

Während der weiteren Konsolidierung der Rasse in den USA kam es dann, speziell auch bei der Herauszüchtung weiterer Farbenschläge, zum wohl bidirektionalen Austausch mit Cochin, was die nahe Verwandtschaft der beiden Rassen noch weiter verstärkt haben dürfte. Brahma wurden in den USA schon kurz nach der ersten Präsentation auf Geflügelschauen eine heißbegehrte Rasse, die für Hühnerverhältnisse unvergleichlich berühmt werden sollte. Sie bescherten der Rassegeflügelzucht einen regelrechten Aufschwung und sind schon 1852 erstmals nach Europa gelangt. Bis heute gehören Brahma zu den Hauptakteuren auf den Geflügelausstellungen, starteten aber auch eine erfolgreiche Karriere als Gartenhuhn.

Erscheinungsbild: Brahma sind sehr große, breite und schwere Hühner. Sie stehen relativ hoch, haben eine dichte, volle Befiederung, gelbe befiederte Läufe, einen Erbsenkamm und rote Ohrlappen. In Mit-

teleuropa sind die Farbenschläge Weiß-Schwarzcolumbia, Gelb-Schwarzcolumbia, Weiß-Blaucolumbia, Gelb-Blaucolumbia, Silber-farbig-Gebändert, Rebhuhnfarbig-Gebändert, Blau-Rebhuhnfarbig-Gebändert, Blau-Silberfarbig-Gebändert mit Orangerücken, Schwarz und Blau anerkannt. Die bekanntesten sind die verschiedenen Varianten der Bänderung und Columbia-Zeichnung als typische Farbbilder der schweren und mittelschweren asiatischen Rassen.

- Bei der Columbia-Zeichnung wirkt der Eumelanin-Restiktor Co (Columbia) auf die Wildfarbe (hier e^b) ein, wodurch ein Muster mit schwarzer Hals- und Schwanzzeichnung auf gelbem bzw. weißem Mantelgefieder entsteht.
- Zur Bänderung kommt es, wenn die Wild- bzw. Silberwildfarbe zusammen mit dem Zeichnungsfaktor Pg (pattern gene) auftritt (e^b Pg).

Leistungseigenschaften: Die Legeleistung liegt zwischen 100 und 140 gelbbraunen bis gelbroten Eiern mit einem Gewicht von mindestens 53 g.

Wesenseigenschaften: Brahma haben einen angenehmen Charakter. Sie sind ruhige und verträgliche Hühner, die schnell zutraulich werden. Doch auch wenn man es ihnen auf den ersten Blick nicht ansieht, können sie auch lebhaft und beweglich sein, besonders wenn es bei der Futtersuche im Freilauf etwas zu holen gibt.

Bruttrieb: Der Bruttrieb ist bei den Brahma noch ausgeprägt vorhanden. Aufgrund ihres Volumens kann ihnen eine große Zahl an Eiern untergelegt werden. Sie sind fürsorgliche Mütter.

Empfehlungen für Zucht und Haltung: Wegen ihres enormen Gewichts fliegen Brahma nicht und fühlen sich quasi nur in der Bodenhaltung wohl. Sie würden daher niemals versuchen, über die Hecke in den Nachbargarten zu flüchten, und bleiben zuverlässig dort, wo sie es sollen. Das mag erst einmal praktisch wirken, aber derartige Riesenhühner bringen auch einen erheblichen Nachteil mit: Sie verlangen einen Stall mit relativ großer Grundfläche. Da sie sich fast ausschließlich am Boden aufhalten, sollte man jedem Tier einen Quadratmeter Stallfläche zur Verfügung stellen. Erst ab einer Gruppengröße von sechs Tieren darf es auch etwas weniger sein, da jedes Huhn die gesamte Fläche nutzen kann.

Zwergform: Zwerg-Brahma entstanden Ende des 19. Jahrhundert in Deutschland aus der Großrasse, Seidenhühnern und Federfüßigen Zwerghühnern, zunächst in den Farbvarianten Weiß-Schwarzcolumbia und Silberfarbig-Gebändert. Heute werden sie in denselben Farben wie die Großrasse gezüchtet, wobei hier weiterhin die Isabell-Perlgrau-Gebänderten anerkannt sind. Abgesehen von der Größe und dem daraus resultierenden geringeren Platzbedarf gilt für die Zwergform das Gleiche, was auch für die Großrasse gesagt wurde. Die Hennen haben einen besonders ausgeprägten Bruttrieb und legen im Allgemeinen zwischen 100 und 140 hellbraune Eier mit einem Gewicht von mindestens 35 g. In leistungsorientierten Linien sind bis zu 160 Eier möglich.

Orpington

„Quadratisch. Praktisch. Gut.", könnte das Motto der Orpington auch lauten, denn ihr hervorstechendstes Merkmal ist der würfelförmig wirkende Körperbau.

Herkunft und Entstehung: Die Heimat des Orpington-Huhns ist im Südosten Englands zu suchen, genauer gesagt in der Grafschaft Kent. „Orpington House", der Wohnsitz des Erzüchters William Cook, war dort namensgebend für diese Züchtung, die heute wohl weltweit zu den bekanntesten Hühnerrassen überhaupt zählt.

Etwas nebulös ist jedoch die Entstehung dieses 1886 zuerst in Schwarz, 1889 in Weiß und 1894 dann in Gelb in Erscheinung getretenen Huhns, nicht zuletzt auch deshalb, weil sich der Herauszüchter mit derlei Informationen von Beginn an weitgehend bedeckt gehalten hat. So wird gemunkelt, dass Croad-Langschan, Plymouth Rocks, Minorka

1a

1b

2

und Lincolnshire Buff die Ausgangsbasis bildeten, was einer Überprüfung mit molekulargenetischen Methoden aber höchstens partiell standhält. Denn ein europäischer, also Minorka-Anteil ist kaum nachweisbar, dafür aber eine sehr nahe Verwandtschaft (geringe Distanz, fast identische Clusterung) mit den Brahma und Cochin. Wahrscheinlich bildeten also diese beiden Rassen, möglicherweise auch über die „Zwischenstation" Lincolnshire Buff, zusammen mit den zur selben Verwandtschaftsgruppe gehörenden Croad-Langschan (WRAGG et al. 2012) die Hauptbasis der Orpington.

Erscheinungsbild: Orpington sind große, stattliche Hühner mit ziemlich tiefer Stellung, reicher Befiederung und der für sie typischen Würfelform. Die Lauffarbe variiert je nach Farbenschlag zwischen fleischfarbig und schwarz, die Ohrlappen sind rot. Neben der einfachkämmigen ist bei den Gelben und Schwarzen auch eine rosenkämmige Variante (erzüchtet über Wyandotten) vorhanden.

Betrachtet man einen Orpington-Hahn von der Seite, fällt es leicht, in Gedanken die Linien eines Quadrats um das Tier zu ziehen. Dieser quadratische Eindruck entsteht durch ein üppig entwickeltes, fluffiges Federkleid, das die Tiere breiter wirken lässt, als sie es tatsächlich sind. Zudem ist das Schwanzgefieder, sowohl beim Hahn, als auch bei der Henne, eher knapp anliegend, so als würde es sich dem Körper anschmiegen. Weil durch

Bilder 1a und 1b: Gelb ist der weltweit bedeutsamste Farbschlag des Orpington-Huhns und wird international auch als Buff bezeichnet. Diese gelbe Orpington-Henne zeigt, wie typisch für ihre Rasse, einen relativ kleinen Einfachkamm und kurze Kehllappen.
Bild 2: Eine Orpington-Henne im Farbschlag Blau-Gesäumt.
Bild 3: Eine Orpington-Henne in Weiß mit rassetypischem, tiefem Stand.
Bild 4: In spalterbig blauen Stämmen der Orpington können auch schwarze und splashfarbige Tiere für die Zucht verwendet werden

Bild 6: Unter Umständen benötigen Orpington-Hennen einen Hennensattel wenn sie viel vom Hahn getreten werden.
Bild 7: Hier sind Orpington-Küken von verschiedenen Farbschlägen zu sehen.
Bild 8: Orpington-Hähne krähen sehr tief. Hier ist der Farbschlag Gold-Schwarzgesäumt zu sehen.

die üppige Bauchbefiederung nur der unterste Teil der Läufe sichtbar ist, wird auf ungemähtem Rasen leicht der Eindruck erweckt, die Orpington würden „schweben". Zu den bereits erwähnten Farbvarianten Schwarz, Gelb und Weiß kamen kurz darauf (1897) über den entsprechenden Farbenschlag der Sussex die Braun-Porzellanfarbigen und später noch die Blaugesäumten, Roten, Gestreiften, Rebhuhnfarbig-Gebänderten, Schwarz-Weißgescheckten, Birkenfarbigen, Gelb-Schwarzgesäumten und Kennfarbigen hinzu.

Dem „klassischen" gleichmäßigen Gelb der Orpington, das im englischsprachigen Raum als „Buff" bezeichnet wird, liegt eine komplexe Allelkombination zugrunde. Bei ihr wirken mit dem Columbia-Faktor (Co) und Dark brown (Db) gleich zwei Eumelanin-Restriktoren, die das schwarze Pigment fast komplett zurückdrängen. Basis ist die Weizenfarbe e^{Wh}, die zusätzlich dafür sorgt, dass keine schwarze Halszeichnung vorhanden ist. Hinzu kommen der Phaeomelanin-Verstärker Mahogany (Mh), der die Goldfärbungen zu Rot intensiviert, und der Phaeomelanin-Verdünner Dilute (Di), der das Rot schließlich zu sattem Gelb aufhellt.

Leistungseigenschaften: Die Legeleistung variiert je nach Farbenschlag und ist im Bereich zwischen 110 und 160 cremefarbigen bis gelblichen mindestens 53 g schweren Eiern anzusiedeln, wobei besonders die Schwarzen für ihre gute Legeleistung bekannt sind. Speziell in den USA und in Australien wurden Wirtschaftslinien der „Buff Orpington" herausgezüchtet, die jährlich ca. 250 Eier legen.

Wesenseigenschaften: Orpington werden mit ein wenig Geduld zuverlässig handzahm und verhalten sich auch im Allgemeinen ruhig und wenig hektisch. Aufgrund ihrer Körperform und ihres Volumens fliegen sie nicht und benötigen keine hohen Umzäunungen.

Bruttrieb: Der Bruttrieb ist bei dieser Rasse noch ausgeprägt. Orpington-Hennen sind bekannt für ihre guten Naturbruteigenschaften.

Empfehlungen für Zucht und Haltung: Wegen ihres ruhigen Wesens werden Orpington teils als typische Anfängerrasse bezeichnet. Vor allem für Neueinsteiger ist nach unserer Erfahrung aber ihr dichtes Federkleid nicht ganz unproblematisch. Es verschmutzt im Afterbereich leicht und kann den Paarungsakt erschweren, indem es den Spermien im wahrsten Sinne des Wortes den Weg versperrt. Es muss daher ständig ausgeschnitten und gekürzt werden. Weiterhin kann es Parasiten wie Federlinge lange Zeit unbemerkt „beherbergen" und ist nicht zuletzt an heißen Sommertagen eine Last für die Tiere. So mussten schon Hennen zur Sommerfrische auf die Alm geschickt werden, weil sie im Tal permanent an Hitzestress litten, trotz Schattenzonen im Auslauf.

Zwergform: Zwerg-Orpington wurden in Deutschland ab 1907 zunächst im schwarzen Farbenschlag auf Basis von entsprechend gefärbten Zwerg-Cochin, Bantam und Deutschen Zwerg-Langschan erzüchtet, wobei quasi als Zufallsprodukt auch erste Weiße anfielen. Später entstanden noch weitere Farbvarianten, die jedoch alle in Deutschland den Zweiten Weltkrieg nicht überlebten. Danach begann ein Neuanfang, zunächst im blau-gesäumten Farbenschlag auf der Grundlage von schwarzen und blau-gesäumten Vertretern der Großrasse, Zwerg-Cochin, Zwerg-Wyandotten und Andalusiern. Aus dieser Zucht entstanden kurz darauf auch die Schwarzen und die Weißen. Bis heute ergänzen außerdem die Varianten Gelb, Rot, Gestreift, Gelb-Schwarzcolumbia, Weiß-Schwarzcolumbia, Birkenfarbig, Schwarz-Weißgescheckt, Braun-Porzellanfarbig, Gelb-Schwarzgesäumt, Rebhuhnfarbig-Gebändert und Schokoladenbraun das Repertoire.

Bei Letzteren tritt der geschlechtsgebundene rezessive Faktor Chocolate (choc) auf Basis von Schwarz in Erscheinung, der die schwarzen Bereiche aufhellt und so eine schokoladenbraune Färbung hervorruft (E choc).

Zwerg-Orpington haben nur einen geringen Platzbedarf. Sie sind genügsam, ruhig und fliegen nicht. Hinzu kommt, dass ihre Hähne nur relativ wenig krähen sollen, was sich in bestimmten Wohnsituationen als Vorteil erweisen kann.

Ihre Legeleistung liegt je nach Farbenschlag und Ausprägung des Bruttriebs zwischen 90 und 170 hellbraunen Eier von mindestens 35 g.

Seidenhühner

Seidenhühner sind so etwas wie der Inbegriff eines Gartenhuhns mit Heimtiercharakter und werden oft auch als Anfängerhühner für Kinder beworben. Keineswegs „Kinderkram" ist jedoch die Zucht rassetypischer Seidenhühner für Ausstellungen. Allein die Spezialmerkmale Federhaube, Bart, Laufbefiederung und Zusatzzehe bieten Anreize, sich intensiv mit der Zuchtwahl zu beschäftigen. Während Seidenhühner in Europa also wahlweise Kuschelhühner oder Ausstellungs-Highlights sind, gelten sie in ihrer Heimat

Bild 1: Zwerg-Seidenhühner sind ideale Einstiegshühner, um Kinder für Hühnerhaltung und Rassezucht zu begeistern.

Südostasien vorwiegend als Nutztiere und werden dort zum Zweck der Fleischerzeugung inzwischen sogar in intensiver Massentierhaltung gezüchtet. Das dunkel pigmentierte, fast schwarze Fleisch der Seidenhühner gilt in Asien nämlich als Luxusgut. Wie lange es Seidenhühner in Ostasien schon als bodenständige Rasse gibt, wird allein dadurch deutlich, dass bereits Marco Polo bei seinen Reiseberichten eindeutig Seidenhühner erwähnt. In Europa wurden sie einst als Hybridwesen zwischen Kaninchen und Hühnern dem Jahrmarktspublikum präsentiert.

Herkunft und Entstehung: Wie alt die Rasse tatsächlich ist, wird sich wohl nicht mehr genau feststellen lassen. Schon der griechische Philosoph Aristoteles berichtete vor 2.400 Jahren von weißen und schwarzen Hühnern mit „Katzenhaar“ aus dem Reich Mangi (China), und chinesische Aufzeichnungen über das „Schwarzknochenhuhn“ reichen bis in die Anfänge der Tang-Dynastie (618–907) zurück (WANDELT & WOLTERS 1996). Inwieweit es sich dabei schon um Seidenhühner im heutigen Sinne handelte, ist unklar, doch lassen zumindest die chinesischen Quellen, die bereits den „offiziellen“ Namen Wugu nennen, auf direkte Vorläufer der heutigen Zuchtform schließen.

Nach Europa kamen seidenfiedrige Hühner wohl in mehreren Varianten unterschiedlicher Größe und Form, aus denen dann im 19. Jahrhundert der heutige Typ geformt wurde. Dabei kam es neben der reproduktiven Trennung von der Ursprungspopulation wohl auch zu einem Genaustausch mit Zwerg-Cochin. Denn anders als die chinesischen Seidenhühner, die sich inmitten der indigenen chinesischen Rassen einordnen, bilden ihre europäischen Nachfahren zusammen mit den Zwerg-Cochin die Schwestergruppe dieses Zweigs. Mit Werten von 0,263 und 0,823 für Heterozygotie und Polymorphie sind die chinesischen Seidenhühner zudem deutlich variabler als die hiesige Population (0,162 und 0,640).

Erscheinungsbild: Seidenhühner präsentieren eine in der Geflügelzucht wohl einmalige Kombination gleich mehrerer außergewöhnlicher Merkmale:

- Fellartige Federstruktur
- Haube
- Fünfzehige, befiederte Läufe
- Einzigartiger, als Walnusskamm bezeichneter Rosenkamm
- Schwärzlich blaue Pigmentierung von Haut, Gesicht, Kämmen und Kehllappen

Bild 2: Seidenhühner gehören zu den besten Glucken der Hühnerwelt und können Sommers wie Winters in Brutlaune geraten.
Bilder3a und 3b: Seidenhühner gibt es mit Bart und ohne Bart. Hier sind beide Varianten im Vergleich zu sehen, wobei es sich jeweils um einen weißen Zwerg-Seidenhahn handelt.
Bild 4: Weiß ist der häufigste Farbschlag bei den Seidenhühnern.
Bild 5: Bei diesen halbwüchsigen Zwerg-Seidenhühnern sieht man gut, dass Seidenhühner auch ein paar fast normal ausgebildete Federn besitzen, insbesondere an den Flügeln.
Bild 6: Seidenhühner haben eine fünfte Zehe, was durch eine Aufspaltung/Trennung der nach innen gerichteten Zehe am Hühnerfuß zustande kommt.
Bild 7: Seidenhuhn-Küken im Farbschlag Gelb.

Während die Seidenfiedrigkeit auf einem rezessiven Allel beruht, das mit dem Symbol h benannt wurde, wird die dunkle Färbung der Haut durch ein dominantes Allel hervorgerufen, das die Einlagerung von schwarzem Pigment in die Unterhaut, das Bauchfell, die Knochenhaut, die Muskeln und die Knochen bewirkt. Der Walnusskamm trägt im Gegensatz zum klassischen Rosenkamm keinen Dorn und ist in der Mitte mit einer Querfalte durchzogen, die Ohrscheiben sind klein und leuchtend türkisblau, die Läufe wie die Haut schwärzlich blau, der Körper abgerundet würfelförmig. Neben den traditionell häufigsten Weißen werden Seidenhühner auch in Schwarz, Blau, Perlgrau, Splash, Gesperbert, Rot, Gelb, Wildfarbig, Silber-Wildfarbig und Weiß-Schwarzgefleckt gezüchtet. Alle Farbvarianten kommen sowohl mit als auch ohne Bart vor. Die Zeichnung der Weiß-Schwarzgefleckten erinnert an das Exchequer-Muster (siehe Leghorn, Seite 87), beruht jedoch auf dem nach den amerikanischen Erminette benannten Faktor Er, der auf Basis von Schwarz im spalterbigen Zustand (Er er^+) die typische Fleckung hervorruft und im reinerbigen Zustand (Er Er) weiße Tiere hervorbringt.

Showgirls

Mit den „Showgirls" ist eine nackthalsige Variante im Umlauf, bei der das Phänomen der Nackthalsigkeit aufgrund der dunklen Haut für eine ganz spezielle Note sorgt.

Leistungseigenschaften: Obwohl sie oft als reine Zierhühner betrachtet werden, kann sich die Legeleistung der Seidenhühner sehen lassen. So legen die Hennen 100 bis 140 hellbraune, mindestens 40 g schwere Eier.

Wesenseigenschaften: Seidenhühner sind überaus zutrauliche, ruhige und verträgliche Hühner und damit optimal als Garten- und Familienhühner geeignet. Da die Hähne nicht zur Aggression neigen, können problemlos mehrere von ihnen zusammen gehalten werden. Sie sind nicht flugaktiv und haben keinen übermäßig großen Aktionsradius.

Bild 8: Weil sie nicht fliegen können und sich meist ruhig verhalten, gelten Seidenhühner als ideale Rasse für Gärten.

Bruttrieb: Die Hennen haben einen außergewöhnlich stark entwickelten Bruttrieb. Das muss nicht bedingungslos für jedes Individuum dieser Rasse gelten, doch insbesondere ältere Seidenhennen werden oft schon mitten im Winter vor allen anderen Hühnerrassen gluckig und würden, wenn man sie lässt, bis zu dreimal im Jahr Küken aufziehen. Sie brüten die Eier mit stoischer Gelassenheit aus und kümmern sich nach dem Schlupf überdurchschnittlich lange um den Nachwuchs. Eine Seidenhenne zieht die Küken nahezu aller Rassen problemlos auf.

Empfehlungen für Zucht und Haltung: Durch ihr angenehmes und zutrauliches Wesen stellen Seidenhühner keine besonderen Ansprüche an ihre Haltungsbedingungen. Sie können sowohl im Garten als auch in der Voliere gehalten werden.

Wer Seidenhühner als Glucken verwenden möchte, sollte auf jeden Fall ihr ungewöhnliches Äußeres bedenken, denn die Spezialmerkmale wie Seidengefieder, befiederte Läufe, Bart und Federhaube verlangen vonseiten des Halters stets Aufmerksamkeit. Die Fußbefiederung verschmutzt auf schlammigen Auslaufflächen beispielsweise leicht, und wenn die Küken dann unter der Glucke sitzen, werden sie automatisch schmutzig. Immer wieder werden Küken verletzt, wenn der fünfte Zeh am Fuß der Glucke ein ungünstig verdrehtes Krallenwachstum aufweist.

Wie bei allen federfüßigen Rassen sollten die Läufe regelmäßig hinsichtlich Kalkbeinmilben überprüft werden. Vorrangige Zuchtziele sollten der Erhalt der positiven Wesenseigenschaften und des ausgezeichneten Bruttriebs sein.

Zwergform: Die Verzwergung der Seidenhühner erfolgte in den 1960er-Jahren in den Niederlanden aus der Großrasse, niederländischen Federfüßigen Zwerghühnern (Sabelpootkrielen) und seidenfiedrigen Chabo. Bis zu diesem Zeitpunkt galten die heute großen Seidenhühner als Zwergrasse und waren unter die Urzwerge eingruppiert.

Zwerg-Seidenhühner werden in Weiß, Schwarz, Blau, Perlgrau, Splash, Gelb, Wildfarbig und Silber-Wildfarbig mit und ohne Bart gezüchtet. Bezüglich ihrer Wesenseigenschaften sind sie mit der Großrasse vergleichbar. Die Legeleistung liegt bei 80 bis 130 cremefarbigen, mindestens 28 g schweren Eiern.

Siamesische Zwerg-Seidenhühner

Mit den Siamesischen Zwerg-Seidenhühnern existiert weiterhin eine hellhäutige Variante mit roten Kopfpunkten, die aus zufällig angefallenen hellhäutigen Zwerg-Seidenhühnern und Zwerg-Cochin zur Manifestierung der gelben Lauf- und Schnabelfarbe erzüchtet wurde. Einziger Farbenschlag ist Weiß.

Zwerg-Cochin

Zwerg-Cochin finden immer wieder sowohl im Hobbybereich als auch im Schauwesen neue Liebhaber. Diese Zwerghühner haben überhaupt kein Imageproblem, wohl deshalb, weil sie eine der friedlichsten Rassen überhaupt sind. Das zutrauliche Naturell, kombiniert mit einigen optischen Besonderheiten, die weitläufig als „niedlich" empfunden werden, ist eine absolut unwiderstehliche Kombination.

Ein wenig irreführend ist ihr mitteleuropäischer Name, denn es handelt sich nicht um die Verzwergung der großen Cochin, sondern um eine unabhängige, uralte chinesische Züchtung, die konsequenterweise zu den Urzwergen zu zählen ist. Rechnung trägt dem auch die Bezeichnung „Peking-Bantam", wie sie in vielen anderen Ländern, z. B. England, offiziell verwendet wird. Einen solchen eigenständigen Namen würde die Rasse auch im deutschen Sprachraum verdienen, um so den immer wieder auftretenden Fehlschlüssen entgegenzuwirken.

Herkunft und Entstehung: Die Geschichte der Zwerg-Cochin ist einzigartig, denn sie stammen ursprünglich direkt aus dem traditionellen Ziergeflügelbestand des chinesischen Kaiserhofs. In China existiert dieser Hühnertypus wohl bereits seit langer Zeit, doch das wurde erst im Lauf des 19. Jahrhunderts bekannt, als die ersten „Peking Bantam" gleich zweimal, unabhängig voneinander, über den Seeweg nach Europa gelangt sind. Einmal 1835 als Geschenk für die englische Queen Victoria, ein weiteres Mal 1860 quasi als „Diebesgut" aus Peking. So haben britische und französische Soldaten im Zuge des Zweiten Opiumkrieges, der von 1856 bis 1860 währte, ein Pärchen gelber Zwerghühner, das regelmäßig zum Futterbetteln

Bild 1: Wegen ihrer runden Formen werden Zwerg-Cochin auch als rollende Federbälle betitelt. Hier sind porzellanfarbige Hähne zu sehen.
Bild 2: Zwerg-Cochin-Hahn in Silberfarbig-Gebändert.

erschien, aus dem eroberten Kaiserpalast nach England gebracht. Dort wurden zur Minimierung schnell auftretender Inzuchtprobleme Nankin-Bantam und Federfüßige Zwerghühner eingekreuzt, was den geringfügigen osteuropäischen Anteil bei der Herausbildung des Seidenhuhn- und Zwerg-Cochin-Clusters (siehe Kapitel 2, Seite 25) plausibel erklärt. 1883/1884 kamen noch weitere Chinaimporte gelber, schwarzer und gesperberter Tiere hinzu. Auf die daraus entstandenen englischen Zuchten soll sich der gesamte heutige Bestand an Zwerg-Cochin – und der ist weltweit betrachtet beachtenswert groß – im Wesentlichen zurückführen lassen. Neben den bereits genannten Farbvarianten waren auch Weiße und Rebhuhnfarbig-Gebänderte, die heute in Braun-Gebändert und Goldhalsig differenziert werden, schon frühzeitig vorhanden. Im Lauf der Zeit kamen dann nach und nach zahlreiche weitere Farbenschläge hinzu.

Erscheinungsbild: Zwerg-Cochin wiegen ca. 1 kg und sind dabei insgesamt rundlich und kompakt gebaut. Weil sie ein dichtes Federkleid haben und eher kurze, stark befiederte Läufe, die im Gras kaum sichtbar sind, entsteht der Eindruck eines kugelrunden Huhns. Die von einigen Züchtern scherzhaft verwendete Bezeichnung „Rollender Federball" erweist sich daher als überaus passend. Zudem tragen sie einen Einfachkamm, haben rote Ohrlappen und gelbe Läufe. Die Befiederung der Läufe kann grundsätzlich durch verschiedene Erbanlagen hervorgerufen werden. Neben einer rezessiven Form, die bei Haubenhühnern und deren Verwandten vorkommt, gibt es auch eine unvollständig dominante Variante, die zuerst bei Croad-Langschan nachgewiesen wurde und deren Ausprägung durch verschiedene Modifikatoren gesteuert wird. Sie wird vermutlich auch bei den Zwerg-Cochin vorherrschen.

Anerkannte Farbenschläge sind Gelb, Schwarz, Weiß, Blau, Perlgrau, Rot, Schwarz-Weißgescheckt,

Gesperbert, Gelbgesperbert, Perlgrau-Gesperbert, Kennfarbig, Goldhalsig, Blau-Goldhalsig, Silberhalsig, Braun-Gebändert, Silberfarbig-Gebändert, Birkenfarbig, Weiß-Schwarzcolumbia, Weiß-Blaucolumbia, Gelb-Schwarzcolumbia, Gelb-Blaucolumbia, Gold-Weizenfarbig, Silber-Weizenfarbig, Gold-Porzellanfarbig und Bobtailfarbig.

Genetisch interessant ist die Farbvariante Bobtailfarbig. Sie beruht auf dem unvollständig dominanten Faktor Dun (I^D), der ein wenig dem blauen Farbbild ähnelt. Reinerbige Tiere (I^D I^D) wie die bobtailfarbigen Zwerg-Cochin sind sehr hell, während die dunfarbigen Holländischen Zwerg-Haubenhühner als Vertreter der spalterbigen Form (I^D i^+) eine eher falbe Farbgebung haben. Neben der normalfiedrigen Variante kommen alle Farbenschläge auch in Gelockt vor. Dieses Merkmal hat seinen Ursprung vermutlich in Südostasien und wird durch den unvollständig dominanten Faktor F hervorgerufen, der im heterozygoten Zustand (F f) den Ausstellungstyp der Locken- bzw. Struppfiedrigkeit bewirkt. Hinzu kommt noch ein rezessiver Faktor, der den Grad der Ausprägung des Merkmals codiert.

Leistungseigenschaften: Die Legeleistung liegt im Bereich von 60 bis 100 braunen, mindestens 35 g schweren Eiern.

Wesenseigenschaften: Für die Zwerg-Cochin gilt all das, was zuvor auch über die Seidenhühner gesagt wurde. Sie sind extrem zutraulich, ruhig und verträglich, haben keinen großen Platzbedarf und eignen sich hervorragend als Garten- und Familienhühner.

Bruttrieb: Wie auch bei den Seidenhühnern ist der Bruttrieb der Zwerg-Cochin sehr gut ausgeprägt, die Hennen sind ausgezeichnete Mütter.

Empfehlungen für Zucht und Haltung: Aufgrund ihres tiefen Standes, ihrer befiederten Läufe und des üppigen Bauchgefieders sollte man Zwerg-Cochin niemals im feuchten hohen Gras laufen lassen. Sie werden schnell nass und trocknen dann nur langsam wieder. Gepflegte, teilweise überdachte Ausläufe mit Sandflächen oder feinkörnigem Kies ausgestattet haben sich für die Rasse als ideal erwiesen. Rasenflächen sollten relativ kurz gehalten werden, dann sind auch sie kein Problem für die liebenswürdigen Zwerge. Wegen der üppigen Befiederung, speziell auch der Läufe, sollte verstärkt auf Federparasiten und Kalkbeinmilben geachtet werden. Vorrangige Zuchtziele sollten der Erhalt der positiven Wesenseigenschaften und des ausgezeichneten Bruttriebs sein.

Bild 3: Zwerg-Cochin-Hahn in Perlgrau-Gesperbert.
Bild 4: Zwerg-Cochin-Henne in Birkenfarbig.
Bild 5: Zwerg-Cochin-Henne in Gesperbert.
Bild 6: Dieser schwarz-weißgescheckte Zwerg-Cochin-Hahn ist lockenfiedrig, was ihm ein zerzaustes Federkleid beschert.
Bild 7: Zwerg-Cochin-Henne in Porzellanfarbig.
Bild 8: Zwerg-Cochin-Henne in Schwarz-Weißgescheckt.
Bild 9: Schon die Zwerg-Cochin-Küken zeigen deutliche Ansätze für eine üppige Fußbefiederung (Belatschung).
Bild 10: Diese silber-weizenfarbige Zwerg-Cochin-Henne hat eine Schar Seidenhuhn-Küken adoptiert, denn Zwerg-Cochin sind gute Ammen.

9

10

Rassen japanischer Herkunft

Die japanischen Rassen, die in ihrer Gesamtheit einen genetischen Bezug zu den chinesischen Rassen zeigen, lassen sich sowohl morphologisch als auch genotypisch in drei Gruppen einteilen.

Eine der interessantesten Rassen japanischer Herkunft ist das Koeyoshi-Huhn. Es vereint die Optik eines Shamo-Kämpfers mit der Besonderheit des Langkrähens.

- Die Landhuhnformen (Jidori) und Langschwanzrassen sind durch eine extrem hohe Frequenz des Japanischen Clusters (90–100 %) charakterisiert und wahrscheinlich die älteste Schicht japanischer Haushühner. Durch die geografische und zeitweise politische Isolation Japans (Edo-Epoche von 1603 bis 1867) hat diese Gruppe eine lang währende eigenständige Entwicklung durchlaufen und konnte so eine homogene genetische Struktur ausbilden.
- Bei den Chabo dominiert mit gut 70 % ebenfalls das Japanische Cluster. Sie haben aber einen deutlichen Input von Zwerghühnern aus dem indochinesischen Raum erhalten, der sich in einem südostasiatischen Anteil von ca. 20 % niederschlägt.
- Bei den japanischen Kampfhuhnrassen bringt bereits die von Siam (Thailand) abgeleitete Bezeichnung „Shamo" zum Ausdruck, dass hier Kämpfer aus Südostasien Pate gestanden haben. Deren Anteil ist mit ca. 50 bis 70 % so hoch, dass diese Gruppe aus genetischer Sicht eher den südostasiatischen als den japanischen Rassen zuzuordnen ist.

Onagadori

Shikoku, die kleinste der vier japanischen Hauptinseln, ist die Heimat des legendären Onagadori-Huhns. Das Gebiet in und um die Stadt Tosa gilt als das Ursprungsgebiet der Rasse, die in Japan seit 1952 als besonderes Naturdenkmal betrachtet wird und daher einen hohen Schutzstatus genießt. Die Zucht besonders langschwänziger Hühnerrassen ist im Übrigen typisch japanisch, denn neben bekannteren Rassen, wie den eben-

Bild 1: Die Schwanzfedern der Oanagdori-Hähne wachsen zeitlebens, nutzen sich bei freilaufender Haltung jedoch zu einer für das Tier angenehmen Länge ab. Rekordhähne in Japan brachten Längen von 13 m zustande und wurden dafür über 20 Jahre alt.

Bild 2: Onagadori-Hennen legen nur sehr wenige Eier, die sie am liebsten selbst ausbrüten.

Bild 3: Onagadori-Hahn mit aufrechtem Einfachkamm. Bei sehr alten Hähnen dieser Rasse kann der Kamm auch zur Seite kippen.

falls aus Shikoku stammenden Shôkoku, Ohiki und Totenko, gibt es dort noch unzählige weitere mehr oder weniger langschwänzige Hühner wie die Minohiki, Akazasa, Shojo, Shirafuji, Shiro, Jitokko, Tomaru oder Goshiki. Sie alle werden aber vom Onagadori-Huhn hinsichtlich der maximal erreichbaren Länge von Schwanz- und Sattelgefieder noch deutlich übertroffen.

Herkunft und Entstehung: Die Langschwanzrassen gehören nach den Landhuhnvarianten (Jidori) zu den ältesten japanischen Haushühnern und sollen während der Heian-Epoche (794–1192) durch einen Botschafter aus dem chinesischen Distrikt Changzhou eingeführt worden sein. Konkret nachweisbar sind sie auf Gemälden und in Aufzeichnungen des 12. und 13. Jahrhunderts, wo auch bereits der Name ihrer ursprünglichsten Form, der heute noch gezüchteten Shôkoku (vermutlich abgeleitet von Changzhou), genannt wird. Da diese nicht nur eine ausgeprägte Schwanzbefiederung, sondern auch die Anlage zum verlängerten Krähruf zeigten, kam es zur Etablierung unterschiedlicher Zuchtziele und letztlich zur Entstehung von zwei neuen Rassen, den Tôtenkô als ältesten japanischen Langkrähern und den Onagadori mit der in dieser Form einzigartigen Schwanzbefiederung.

Dementsprechend weist auch die Neighbor-Joining-Analyse Onagadori und Tôtenkô als Schwesterrassen aus, die zusammen mit den ebenfalls langschwänzigen Ohiki eine distinkte Verwandtschaftsgruppe innerhalb der japanischen Rassen bilden. Diese Gruppe ist gekennzeichnet durch eine fast komplette Dominanz des Japanischen Clusters mit Frequenzen von 90 bis 100 %, was eine lang währende reproduktive Isolation und eigenständige Entwicklung impliziert.

Lange Zeit gehörte die Haltung langschwänziger Hühner zu den Privilegien des japanischen Adels. Heute sind Onagadori auch in Japan selten geworden und werden hauptsächlich von wenigen Familien ihrer Heimatregion erhalten.

Der Erstimport nach Deutschland erfolgte 1955 in Form von Bruteiern, denen 1970 ein Zuchtpaar silberhalsiger Tiere folgte.

5

Erscheinungsbild: Onagadori sind elegante, fasanenartige Langschwanzhühner mit Einfachkamm, weißen Ohrscheiben und gelblichen bis weidengrünen Läufen.

Einmalig in der Geflügelzucht sind die außergewöhnlichen Schwanzlängen ihrer Hähne. Sie entstehen, weil ein Teil der Schwanz- und Sattelfedern nicht gemausert wird und ununterbrochen wächst, wobei jährliche Zunahmen von 90 (Schwanz) bzw. 30 cm (Sattel) möglich sind. Da die Hähne bis zu 20 Jahre alt werden, können bei entsprechender Haltung und Pflege Schwanzlängen von über 10 m erreicht werden. Spitzenreiter ist bis heute ein Hahn, der 1978 im Alter von 17 Jahren eine Schwanzlänge von 13 m präsentierte.

Nach SASAKI & YAMAGUCHI (1970) beruht dieses Phänomen auf den Allelen zweier Genorte, von denen einer das Schwanzwachstum und der andere das Mauserverhalten steuert. Während das weitgehend dominate Allel Gt bewirkt, dass ein Teil der Schwanz- und Sattelfedern unbegrenzt wächst, bewirkt das Allel mt, dass die Mauser unterbleibt. Nach diesem Modell haben Onagadori den Genotyp Gt mt, während bei normalschwänzigen Rassen der Wildtyp gt^{+} mt^{+} vorliegt. Die übrigen Langschwanzrassen wie Phönix, Shôkoku oder Yokohama, bei denen die Schwarzfedern zwar kontinuierlich wachsen, jedoch gemausert werden, sind danach durch die Kombination Gt mt^{+} charakterisiert.

Zusätzlich beeinflusst wird dieser Mechanismus durch verschiedene Modifikatoren, die determinieren, wie groß der jährliche Zuwachs ist und in welchen Abständen die Mauser erfolgt. So mausern Phönix ihre Schwanzfedern zumeist nicht jährlich, sondern im Abstand von ein bis drei Jahren.

Onagadori wirken aufgrund ihrer Befiederung oft größer, als sie tatsächlich sind. Obwohl in Japan keine Farbzucht betrieben wird, haben sich doch bestimmte Farbvarianten herausgebildet, von denen im deutschen Sprachraum Weiß, Silberhalsig, Goldhalsig und Orangehalsig als offizielle Farbschläge gezüchtet werden. Die weiterhin anerkannten Goldroten mit schwarzem Schwanz sind leider ausgestorben. Es ist unter Züchtern üblich, auch gemischte Stämme aus diesen Varianten zu bilden, da die Farben zum einen miteinander verwandt sind und sich zum anderen nur so ein genetischer Flaschenhals auf Dauer vermeiden lässt.

Leistungseigenschaften: Die Legeleistung der Onagadori wird oft mit 80 bis 100 gelblich weißen, mindestens 40 g schweren Eiern angegeben. Auch wenn diese Zahlen teilweise erreicht werden, liegt die reale Leistung oft deutlich darunter und ist vielmehr im Bereich von etwa 20 bis 40 Eiern pro Jahr anzusiedeln. Da zudem die Befruchtung nicht immer einwandfrei ist, wird schnell klar, dass man diese Hühner nicht züchtet, um regelmäßig Frühstückseier zu verspeisen. Möglichst alle zuchttauglichen Eier müssen für die Brut genutzt werden, um die Rasse dauerhaft zu erhalten. Glücklicherweise legen die Hennen oft bis zu einem Alter von zehn Jahren ihr jährliches Pensum.

6

8

7

Bild 5: Bei diesem silberhalsigen Onagadori-Hahn ist gut zu sehen, dass neben den Schwanzfedern auch die Sattelfedern stark verlängert sind.

Bild 6: Auch die Hennen tragen beim Onagadori-Huhn überdurchschnittlich lange Schwanzfedern.

Bild 7: Onagadori-Hennen führen ihre Küken bis zu drei Monate lang.

Bild 8: Onagadori-Hahn und und Henne in Silberhalsig.

Wesenseigenschaften: Onagadori haben einen ruhigen, verträglichen und fast phlegmatischen Charakter, eine Grundvoraussetzung für das Erreichen ihres hohen Lebensalters. Daher sind sie von Natur aus sehr zahm und werden schnell zutraulich.

Bruttrieb: Der Bruttrieb ist bei den Onagadori zwar vorhanden, tritt aber nicht bei allen Hennen auf.

Empfehlungen für Zucht und Haltung: Wichtig ist, dass man möglichst alle passablen Junghähne aufzieht und weit über das Jugendalter hinaus behält. Erst nach eineinhalb Jahren lässt sich nämlich beurteilen, ob ein Onagadori-Hahn zuchttauglich ist, denn zu dem Zeitpunkt hat er seine erste Vollmauser. Fallen dann seine Sicheln aus oder sterben ab, ist er zur Zucht ungeeignet. Möglichst viele Sicheln und Sattelfedern sollen nach der Mauser noch „gut im Blut stehen" und weiterhin mit gutem Längenwachstum glänzen.

Glücklicherweise braucht man für die Aufzucht der Junghähne nicht unzählige Abteile, da die Hähne untereinander erstaunlich verträglich sind. Auch bei der, im krassen Gegensatz zur traditionellen Kastenhaltung in Japan, in Europa häufigen Gruppenhaltung im Auslauf vertragen sich die Hähne sehr gut.

Das Schwanzgefieder der Onagadori wird bei Freilaufhaltung niemals so lang wie auf den eindrucksvollen japanischen Bildern, da es sich fortlaufend abwetzt, wenn es am Boden schleift. Doch spektakulär sieht es allemal aus. Dass hier gepflegte grüne Rasenflächen anstelle von verschlammten Erdwüsten anzustreben sind, versteht sich von selbst, und diese Ehre schuldet auch jeder Onagadori-Fan seinen Schützlingen aus Fernost.

Chabo

„Ein Nutztier ohne Nutzen hat keinen Wert", oder: „Früher hätte sich niemand ein Huhn als Haustier gehalten", sind Aussagen, die man immer wieder einmal zu hören bekommt, wenn man sich mit Hühnern abseits des wirtschaftlichen Sektors beschäftigt. Historisch belegt sind diese Ansichten jedoch keineswegs, denn vor allem die Chabo können als Paradebeispiel für Heimtierhühner mit Tradition genannt werden. Sie haben eine jahrhundertealte Geschichte und wurden zweifellos nur um ihrer selbst willen erzüchtet.

Herkunft und Entstehung: Die Entstehung der Chabo wird in die Zeit der Edo-Epoche (1603–1868) datiert, in der Japan weitgehend von der Außenwelt abgeschlossen war und lediglich limitierte Handelskontakte zu China und den Niederlanden bestanden. In deren Kontext sollen niederländische Handelsschiffe um 1650

Zwerghühner aus den Hafenstädten Indochinas mitgebracht haben, deren Name sich vom ehemaligen Königreich „Champa" im heutigen Südvietnam ableitet und die in Japan zu den heutigen Chabo geformt wurden. Bestätigt wird diese Version durch die Ergebnisse der Admixture-Analyse, die den Chabo neben der mit gut 70 % dominierenden japanischen Komponente auch signifikante südostasiatische und chinesische Anteile im Umfang von etwa 20 bzw. 10 % als augenscheinliches Erbe dieser Zwerghühner bescheinigt. Sicher nachweisbar werden sie dann in einer japanischen Beschreibung aus dem Jahr 1692 (WANDELT & WOLTERS 1998). Nach Eng-

Bild 1: Ab der dritten Lebenswoche sind die Chabo-Küken robust genug für Ausflüge in ein katzensicheres und regengeschütztes Freigehege.

Bild 2: Chabo-Hennen sind gute Glucken und führen ihre Küken häufig überdurchschnittlich lange.

Bild 3: Ältere Chabo-Hähne sind nach den Beobachtungen einiger Halter meist eher krähfaul und daher recht angenehm für die Nachbarschaft.

Bild 4: Zwei Schwarz-Weißgescheckte Chabo-Hähne gönnen sich ein Sonnenbad.

Bild 5: Gelockte Chabo erfreuen sich wegen ihres markanten Aussehens vor allem bei Kindern großer Beliebtheit.

2

4

3

5

6

land kamen Chabo 1850, nach Deutschland erstmals 1860. Danach erfolgten wiederholt weitere Importe aus Japan.

Erscheinungsbild: Mit ca. 500 g zählen Chabo zu den allerkleinsten Hühnerrassen. Sie haben einen eleganten Körperbau, der durch die seitlich nach unten abgespreizten Flügel und die nach vorn gestreckte Brust zusätzlich betont wird. Hinzu kommt ein relativ kurzer Rücken, der schnell in das steil aufgerichtete Schwanzgefieder übergeht. Im Fall der Hähne ragen die Sichelfedern des Schwanzgefieders derart steil nach oben, dass ihre Spitzen sogar die Zacken des großen Einfachkamms deutlich überragen. Das sieht ausgesprochen adrett und von der Seite betrachtet nahezu v-förmig aus.

Chabo gehören wie die Krüper, Schottischen Dumpy, Luttehühner, Ohiki, Jitokko, Gandori oder Chahua zu den kurzbeinigen Rassen, bei denen das dominante Allel Cp eine Verkürzung der Extremitäten hervorruft. Da Cp in seiner reinerbigen Form (Cp Cp) letal wirkt, sterben Embryonen mit diesem Genotyp während der Bebrütung ab, weshalb bei Merkmalsträgern, also kurzbeinigen Tieren, ausschließlich die spalterbige Allelkonfiguration Cp cp^{+} vorliegt. Daraus folgt, dass bei der Verpaarung von Merkmalsträgern statistisch gesehen 25 % der Embryonen absterben und die geschlüpften Küken zu zwei Dritteln kurzbeinig und zu einem Drittel langbeinig (Genotyp cp^{+} cp^{+}) sind.

Interessanterweise zeigten Untersuchungen am Wissenschaftlichen Geflügelhof des BDRG, dass bei den Chabo die Verteilung der Typen signifikant von diesen Werten abwich (FELLMIN 2016). So war die Absterberate mit ca. 10 % deutlich herabgesetzt und auch das Verhältnis von kurzbeinigen zu langbeinigen Tieren entsprach mit jeweils 50 % nicht den Erwartungen. Hinzu kam, dass auch bei der Verpaarung langbeiniger Tiere untereinander kurzbeinige Individuen auftraten.

Bild 6: In diesem Zuchtstamm perlgrau-weißgetupfter Chabo finden sich sowohl gelockte, als auch glattfiederige Tiere.

Bild 7: Ein kleiner aber feiner Chabo-Zuchtstamm im Farbschlag "Gelb".

Das alles lässt darauf schließen, dass nicht bei allen Allelträgern das Merkmal auch ausgebildet wird, also eine unvollständige Penetranz vorliegt, die durch verschiedene Faktoren wie modifizierende Gene, Einflüsse der Mutter oder den Legerhythmus gesteuert wird. Chabo werden in den Farbenschlägen Weiß, Schwarz, Perlgrau, Blau, Gesperbert, Schwarz mit weißen Tupfen, Perlgrau mit weißen Tupfen, Gelb mit weißen Tupfen, Rot mit weißen Tupfen, Weiß mit schwarzem Schwanz, Weiß mit blauem Schwanz, Gelb mit schwarzem Schwanz, Gelb mit blauem Schwanz, Schwarz-Silber, Schwarz-Gold, Goldhalsig, Silberhalsig, Rebhuhnfarbig-Gebändert, Silberfarbig-Gebändert, Gold-Weizenfarbig, Silber-Weizenfarbig, Rotgeschultert und Gold-Porzellanfarbig gezüchtet. Alle diese Farbenschläge sind auch in Seidenfiedrig und Gelockt anerkannt. Hinzu kommt eine Variante mit dunkler, fast schwarzer Pigmentierung von Kamm und Gesicht, die ausschließlich mit schwarzem Gefieder gezüchtet wird und nicht gelbe, sondern dunkle Läufe hat.

Leistungseigenschaften: Chabo-Hennen legen im Allgemeinen zwischen 70 und 120 beige bis cremefarbige Eier mit einem Mindestgewicht von 28 g.

Wesenseigenschaften: Chabo haben einen angenehmen Charakter, fassen schnell Vertrauen zu ihrem Halter und suchen nicht selten von sich aus die Gesellschaft ihrer Betreuer. Sie sind sehr verträglich, sodass man mehrere Hähne zusammen halten kann.

Bruttrieb: Wie bei vielen anderen Urzwerghühnern auch, ist der Bruttrieb der Chabo noch erhalten und ausgeprägt.

Empfehlungen für Zucht und Haltung: Chabo sind die geborenen Zierhühner für gepflegte Gärten und Volieren, optisch reizvoll und herrlich zu beobachten. Sie können auch im Siedlungsbereich gehalten werden, da die Hähne wegen ihrer geringen Größe nur leise krähen.

Aufgrund ihrer Kurzbeinigkeit sind sie kaum dazu in der Lage, Schäden in Blumenbeeten, Rasenflächen oder Gemüsepflanzungen anzurichten. Kein Wunder also, dass der japanische Adel sich diese Hühner seit jeher zur Belustigung und Belebung der fein gestalteten Landschaftsgärten hält. Sie sollen eine Zeit lang sogar vorwiegend den feinen, höhergestellten Damen sowohl „indoor" als auch „outdoor" Gesellschaft geleistet haben.

Chabo eignen sich hervorragend als Familienhühner, da sie nicht nur anhänglich und zutraulich sind, sondern auch sehr alt werden können.

Wegen ihrer kurzen Läufe sollten sie in trockenen Ausläufen gehalten und vor schlechtem Wetter möglichst geschützt werden.

Maruha- und Okina-Chabo

In Japan gibt es noch weitere Zuchtrichtungen, von denen die hennenfiedrigen Maruha- und die bärtigen Okina-Chabo auch in Europa Einzug gehalten haben.

Rassen im Halbasiatischen Typ

Die Rassen dieses Typs entstanden während der zweiten Hälfte des 19. Jahrhunderts in Europa und Amerika aus der Kombination schwerer asiatischer Hühner mit europäischen Landschlägen, wobei der asiatische Anteil überwiegt.

Viele von ihnen sind bedeutende Wirtschaftsrassen wie die Rhodeländer, New Hampshire, Australorps, Barnevelder, Welsumer, Plymouth Rocks, Amrocks oder Sussex. Wie bei den schweren asiatischen Rassen dominiert bei ihnen das Chinesische Cluster, jedoch mit im Schnitt geringeren Frequenzen (30 bis 80 %). Hinzu kommt ein mehr oder weniger starker europäischer Anteil im Umfang von 10 bis 40 %. Bei den Vorfahren der Braunleger (Rodeländer, New Hampshire) treten zudem die spezifischen Braunleger-Cluster mit einer Frequenz von ca. 20 % in Erscheinung.

Das Amrock-Huhn gilt als direkter Abkömmling des Plymouth Rock. Beide Rassen sind typische Vertreter des halbasiatischen Types.

Bild 1a bis 1e: Zwerg-Wyandotten in den Farbschlägen Schwarz (a), Gelbsperber (b), Weiß-Blaucolumbia (c), Rebhuhnfarbig-Gebändert (d) und Silber-Schwarzgesäumt (e).

Wyandotten

Wyandotten zählen zu den absoluten Dauerbrennern in der Welt der Hühnerrassen. Die Großen erfreuen als farbenfrohe, robuste Wirtschaftshühner, während die unkomplizierten Zwerge als hervorragende Einsteigerhühner für hühnerbegeisterte Kinder gelten. Ihren Namen teilen sich die Wyandotten mit den „Wyandot", einem Stamm der indigenen nordamerikanischen Bevölkerung, dessen Gebiet sich im heutigen Oklahoma befindet. Oft wird daher angenommen, die Wyandotten wären traditionelle Hühner der Native Americans gewesen und einst in deren Siedlungen herumgelaufen. Diese Vorstellung ist zugegeben idyllisch, doch muss man wissen, dass es in Nordamerika vor Eintreffen der Europäer gar keine Haushühner gab. Auch viele andere Nutztiere wie Rinder, Schafe, Ziegen, Schweine und sogar die oft mit der Kultur der Ureinwohner assoziierten Pferde trafen erst dort ein, als das Schicksal vieler Stämme durch das Vorrücken der Eroberer bereits besiegelt war.

Herkunft und Entstehung: Die Wyandotten-Hühner sind – ganz unromantisch – gezielt aus verschiedenen anderen Rassen erzüchtet worden,

wobei das Zuchtziel klar definiert war: Man wollte eine große Version der Sebright züchten, die um 1850 in den USA in Liebhaberkreisen bereits gut bekannt waren. Sebright wiegen nur etwa 500 g und sind dank ihrer rassetypischen schwarzen Gefiedersäumung auf goldenem oder silbernem Untergrund ausgesprochen schmucke Vögel. Um ein großes Pendant der Zwerge zu züchten, kreuzte man ab 1865 die mit Cochin und Brahma verwandten Chittagong mit silber-schwarzgesäumten Paduanern, Hamburger Silberlack und silbernen Sebright. Zwar hatte man schon bald große Hühner mit der gewünschten Gefiedersäumung und auch der Rosenkamm der Sebright ließ sich leicht auf die großen Hühner übertragen, doch was den Körperbau anbelangte, wirkten die neuen Hühner nicht annähernd so elegant wie das zierliche Vorbild. Daher fand die frischgebackene Neuzüchtung unter dem Namen „American Sebright“ zunächst nur wenig Anklang in der Welt der Hühnerzucht. Erst als einer der Züchter auf die Idee kam, sie in „Wyandottes“ umzubenennen, änderte sich das schlagartig. Der Anspruch, ein großes Abbild der Sebright zu sein, musste damit nicht mehr erfüllt werden und die beispiellose Karriere der Wyandotten als etwas vollkommen Eigenständiges konnte beginnen.

Die dokumentierte Entstehungsgeschichte der Wyandotten spiegelt sich auch in deren genetischer Zusammensetzung wider. So dominiert bei den ursprünglichen Silber-Schwarzgesäumten und den ebenfalls sehr alten Weißen das Chinesische Cluster deutlich mit ca. 80 %, was den starken Einfluss der basalen Chittagong zum Ausdruck bringt. Hinzu kommt ein europäischer, hauptsächlich durch das Osteuropäische Cluster gebildeter Anteil von fast 20 %, der klar die Beteiligung der Paduaner und Hamburger Silberlack belegt. Demgegenüber gering ist der Sebright-Input mit nur ca. 2 %, was jedoch vor dem Hintergrund der enormen Größenunterschiede nicht weiter verwunderlich ist.

Der Ursprungsfarbenschlag wurde in den USA 1883 anerkannt, 1888 erschienen die auf Basis von Fehlfarben erzüchteten Gold-Schwarzgesäumten und Weißen. Ihnen folgten 1893 die Schwarzen und die mithilfe von gelben Cochin erzüchteten Gelben. 1901 kamen dann die Rebhuhnfarbig-Gebänderten hinzu, bevor schließlich, speziell in Deutschland, mit rasanter Geschwindigkeit ein mannigfaltiges Spektrum von weltweit mehr als 40 Farbvarianten erzüchtet wurde, an deren Herausbildung zahlreiche unterschiedliche Rassen beteiligt waren.

Erscheinungsbild: Wyandotten sind Hühner mit kräftigem, geräumigem Körperbau, abgerundeten Konturen, voller, flaumreicher Befiederung, mittelgroßem Rosenkamm, roten Ohrlappen und gelben Läufen. Im deutschsprachigen Raum sind folgende Farbenschläge anerkannt:

- Silber-Schwarzgesäumt, Gold-Schwarzgesäumt, Gold-Blaugesäumt, Gold-Weißgesäumt, Gelb-Schwarzgesäumt
- Weiß, Schwarz, Gestreift, Blau, Rot, Gelb
- Rebhuhnfarbig- oder Silberfarbig-Gebändert
- Goldhalsig, Silberhalsig
- Weiß-Schwarzcolumbia, Weiß-Blaucolumbia, Gelb-Schwarzcolumbia
- Schwarz-Weißgescheckt, Braun-Porzellanfarbig

Die Zeichnung der beliebten gesäumten Farbenschläge beruht auf der Bänderung e^b Pg, zu der noch der Eumelanin-Verstärker Ml und der Columbia-Faktor Co hinzukommen: e^b Pg Ml Co. Bei den Gold-Weißgesäumten wird das schwarze Pigment durch dominantes Weiß (I) oder den wie bei Splash reinerbig vorliegenden Blau-Faktor (Bl) blockiert, sodass nur die goldenen Farbareale sichtbar bleiben: e^b Pg Ml Co I s^+ bzw. e^b Pg Ml Co Bl/Bl s^+.

Leistungseigenschaften: Aufgrund der unterschiedlichen Herkunft der einzelnen Farbenschläge sind Angaben zur Legeleistung der Wyandotten generell schwierig. Je nach Farbvariante und

Bild 2: Diese schwarze Zwerg-Wyandotte zeigt rundliche Formen und überrascht mit intensivem Grünlack.

Bild 3: Eine rebhuhnfarbig-gebänderte Zwerg-Wyandotten-Henne.

Bild 4: Zwerg-Wyandotte Amanda, Publikumsliebling der YouTube-Serie Happy Huhn, gehört dem Farbschlag Weiß-Blaucolumbia an.

Bild 5: Zwerg-Wyandotten sind tolle Glucken und ziehen ihre Küken nicht selten auch gemeinsam auf.

Bild 6: Diese Küken der Zwerg-Wyandotten gehören der gold-schwarzgesäumten Farbvariante an.

Bild 7: Der Zwerg-Wyandotten-Hahn zeigt deutlich stärker ausgeprägte Kehllappen und einen größeren Rosenkamm im Vergleich zu den Hennen.

Zuchtlinie ist sie im Bereich zwischen 70 und 180 gelben bis dunkelbraunen, ca. 55 g schweren Eiern einzuordnen, wobei besonders die Schwarzen für ihre guten Leistungen bekannt sind.

Wesenseigenschaften: Wyandotten sind zutraulich, ruhig und verträglich und daher als Garten- und Familienhühner sehr gut geeignet. Auch sind sie gute Futtersucher und nicht sonderlich flugtüchtig.

Bruttrieb: Der Bruttrieb ist bei den einzelnen Farbenschlägen und Zuchtlinien unterschiedlich stark ausgeprägt. Wenn die Hennen brüten, sind sie gute Glucken und zuverlässige Mütter.

Empfehlungen für Zucht und Haltung: Wegen ihrer positiven Wesenseigenschaften sind Wyandotten grundsätzlich unproblematisch in Zucht und Haltung. Sie können sowohl im Freilauf als auch in der Voliere gehalten werden. Hohe Umzäunungen sind wegen der geringen Flugtüchtigkeit nicht notwendig. Ihre Farbenvielfalt ist so enorm, dass man sich leicht den bunten Bilderbuch-Hühnerhof allein mit verschiedenen Wyandotten zusammenstellen kann.

Futter

Da Wyandotten wie andere schwere Rassen leicht verfetten, sollte ihr Gewicht regelmäßig überprüft und die Fütterung daran angepasst werden.

Zwergform: Die in noch größerer Farbenvielfalt als die Großform gezüchteten Zwerg-Wyandotten sind die mit Abstand häufigste Zwerghuhnrasse Europas, wenn nicht sogar der Welt.

Zwerg-Wyandotten wurden Ende des 19. Jahrhunderts in England erzüchtet und kamen 1906 im rebhuhnfarbig-gebänderten Farbenschlag nach Deutschland. Speziell hier, aber auch in England und den Niederlanden, wurden im Lauf der Zeit zahlreiche weitere Farbvarianten herausgezüchtet. Neben der Großrasse wurden zur Verzwergung eine Reihe geeigneter Zwerghuhnrassen verwendet, wobei besonders den Zwerg-Cochin eine bedeutsame Rolle zukam.

Anerkannt sind sie in allen Farbenschlägen der Großrasse sowie zusätzlich in Blau-Silberhalsig, Orangehalsig, Braun-Gebändert, Silberfarbig-Gebändert, Lachsfarbig, Kennfarbig, Gelb-Weißgesperbert, Birkenfarbig und Gelb-Blaucolumbia.

Die Legeleistung ist homogener als die der Großrasse und variiert im Mittel zwischen 90 und 160 cremefarbigen bis bräunlichen, mindestens 40 g schweren Eiern, wobei aber auch Spitzenleistungen von über 170 Eiern möglich sind. Zwerg-Wyandotten sind wie die Großform zutraulich, ruhig und verträglich, sowohl untereinander als auch gegenüber Menschen. Sie werden leicht handzahm, sind unkompliziert in der Haltung und daher ideale Garten- und Familienhühner. Die Hennen haben den Ruf, hervorragende Glucken zu sein, und werden gern auch für die Aufzucht von Küken anderer Rassen herangezogen.

Marans

Spätestens seit Eier mit ungewöhnlichen Schalenfarben gefragt sind, ist das Marans-Huhn mit seinen dunkelbraunen bis kastanienroten Eiern bei Hobbyhaltern, Züchtern und Selbstversorgern so richtig „à la mode". Seit mehr als 150 Jahren werden diese Hühner in ihrem Ursprungsgebiet, dem ganz im Westen Frankreichs an der Atlantikküste gelegenen

1

Kanton Marans, gezüchtet. Daher wurden sie nach ihrer Herkunftsregion benannt und man spricht auch im Deutschen korrekterweise in der Einzahl vom „Marans-Huhn", mit „s" am Ende.

Herkunft und Entstehung: Die Wurzeln der wohl beliebtesten Hühnerrasse Frankreichs lassen sich bis in die Mitte des 19. Jahrhunderts zurückverfolgen. Nach Angaben im englischen Standard sollen zu ihren Vorfahren Mechelner, Croad-Langschan, Coucou de Rennes, Faverolles (Französische Lachshühner), Plymouth Rocks, Gatinâise und Brakel gehören, was im Detail freilich nicht mehr überprüft werden kann.

Schaut man sich die Admixture-Analyse an, kommt zu einem europäisch-westasiatischen Anteil von etwa 35 % ein ost- und südostasiatischer von ca. 65 % hinzu, der in der Zusammensetzung seiner Komponenten stark an schwere chinesische Rassen, speziell original-chinesische Langschan-Linien,

Bild 1: Schwarz-Kupfer ist der wichtigste Farbschlag bei den französischen Marans.

Bild 2: Anhand dieser irisierend gefärbten Zwerg-Marans-Hähne ist gut ersichtlich wie es zur Farbschlagbezeichnung Schwarz-Kupfer kam.

Bild 3: Farblich können Marans-Eier je nach Zuchtstand stark variieren. Die Intensität kann aber auch mit fortlaufender Legeperiode abnehmen.

4

erinnert. Das belegt deutlich den massiven Beitrag der oben genannten Croad-Langschan, nicht jedoch den der anderen aufgeführten Rassen. Ein Braunleger-Anteil von ca. 5 % deutet darüber hinaus auf Rhodeländer hin, sodass die Marans aus genetischer Sicht gut als Kombination lokaler Landschläge mit Croad-Langschan und einem zusätzlichen Rhodeländer-Input modelliert werden können.

Wer nun letztendlich die dunkle Eischalenfarbe mitgebracht hat, bleibt unklar. Möglicherweise ist sie ein Erbe der Croad-Langschan, doch ist ebenso ein Bezug der Landschlagkomponente zu spanischen Rassen wie den Penedesenca denkbar, deren Eier eine nahezu identische Schalenfarbe zeigen. Möglicherweise sind solche Hühner einst mit dem Seehandel an die französische Atlantikküste gelangt. Vergleichsweise hoch sind die Diversitätswerte mit 0,263 für die Heterozygotie und 0,877 für die Polymorphie.

Erscheinungsbild: Marans sind relativ große, breite Hühner mit Einfachkamm, roten Ohrlappen und knapp ausgeprägter Befiederung der fleischfarbigen, teilweise dunkel angelaufenen Läufe, bei denen die Innenseiten frei von Federn sind. Im Gegensatz zur französischen und mitteleuropäischen Variante ist die englische Zuchtform glattfüßig.

Die häufigste Farbgebung ist Schwarz-Kupfer, ein auf dem Birkenfarben-Allel E^R beruhender Farbschlag, bei dem das Gefieder der Hähne eine geradezu atemberaubende Leuchtkraft besitzt, denn es spielt mit dem Kontrast zwischen irisierendem Schwarz und glänzendem Kupferrot. Weitere Farbenschläge sind Blau-Kupfer, Schwarz-Silber, Gesperbert, Weiß und Gold-Weizenfarbig. Während viele dunkel gefärbte Hühnerrassen schon als Küken ganz dunkel sind, sehen Marans-Küken anfangs wie kleine Pinguine aus, mit weißem Bauch und Kehlbereich. Erst später dunkeln sie nach.

Leistungseigenschaften: Die Hennen legen im Allgemeinen zwischen 130 und 180 dunkelbraune bis kastanienrote Eier mit dunklen Flecken. Erstaunlich ist auch die Größe der Eier, deren mittleres Gewicht stattliche 65 g beträgt. Die dunkel rotbraune Farbe der Eier entsteht, indem Oorhodein, ein Abbauprodukt des Blutfarbstoffes Hämoglobin, als zusätzliche Farbschicht über die Eischale gelegt wird. Den französischen Züchtern ist bei der Wahl der Zuchttiere die dunkle Eierschalenfarbe wichtiger als das äußere Erscheinungsbild, weshalb bis heute die französischen Original-Marans die am schönsten ausgefärbten Eier legen.

Wesenseigenschaften: Marans sind aktiv, gute Futtersucher und neugierig. Charakterlich gelten sie als zutraulich, lassen sich aber nicht allzu gern anfassen und tendieren in gemischten Gruppen aus verschiedenen Rassen dazu, schnell das Kommando zu übernehmen. Daher sollte man sie am besten nur mit Hühnerrassen vergesellschaften, die ihnen körperlich nicht unterlegen sind.

Bruttrieb: Der Bruttrieb ist bei Marans-Hennen unterschiedlich stark entwickelt und variiert zwischen den verschiedenen Zuchtlinien.

Empfehlungen für Zucht und Haltung: Das hervorstechendste Merkmal der Marans ist zweifellos die charakteristische kastanienrote Eischalenfarbe. Daher sollte ihr auch, ebenso wie im Heimatland, prioritäre Bedeutung bei der Auswahl der Zuchttiere zukommen. Besonders wohl fühlen sich Marans unter Freilandbedingungen, sie können aber auch in Gehegen gehalten werden. Trotz ihrer Größe können sie relativ gut fliegen, weshalb auf eine entsprechende Höhe der Umzäunungen geachtet werden sollte.

Futter

Da sie leicht zum Verfetten neigen, sollte das Gewicht regelmäßig überprüft und die Fütterung daran angepasst werden.

Zwergform: Während Zwerg-Marans nach WANDELT & WOLTERS (1998) in England auf Basis des Großformats erzüchtet wurden, gibt der offizielle Standard die Heimatstadt der Großrasse als Entstehungsort an. Anerkannte Farbenschläge sind Schwarz-Kupfer und Weiß. Zwerg-Marans entsprechen in ihren Eigenschaften weitgehend ihren großen Verwandten und legen 120 bis 140 dunkelbraune, mindestens 45 g schwere Eier. Die möglichst dunkel angestrebte Eischalenfarbe bedarf noch einiger züchterischer Bemühungen. Auch ist der Rasse eine größere Verbreitung zu wünschen.

Bild 4: Blaue und schwarze Marans können auch in gemischten Zuchtgruppen laufen, da aus Blau-Verpaarungen ohnehin auch regelmäßig schwarze (sowie splashfarbige) Tiere fallen.

Bild 5: Auch in Schwarz-Silber werden Marans seit einiger Zeit gezüchtet.

Bild 6: Jeweils ein Küken in Schwarz-Kupfer, Blau und Splash (von links nach rechts)

Bild 7: Marans-Küken der schwarzkupfernen Variante sind anfangs weißbäuchig und werden darum gerne mit Schwalben und Pinguinen verglichen.

Literaturverzeichnis

BDRG (2006): Rassegeflügel-Standard für Europa. Howa Druck & Satz, Nürnberg.

BENECKE, N. (1994): Der Mensch und seine Haustiere – Die Geschichte einer jahrtausendealten Beziehung. Konrad Theiss Verlag, Stuttgart.

CRAWFORD, R. D. (ed.) (1990): Poultry breeding and genetics. Elsevier, Amsterdam.

DÜRIGEN, B. (1885): Die Geflügelzucht, 1. Auflage. Verlag Paul Paray, Berlin.

DÜRIGEN, B. (1910): Die Geflügelzucht, 2. Auflage. Verlag Paul Paray, Berlin.

DÜRIGEN, B. (1921): Die Geflügelzucht. 3. Auflage. Verlag Paul Paray, Berlin.

ERIKSSON, J., LARSON, G., GUNNARSSON, U., BEDHOM, B., TIXIER-BOICHARD, M., STRÖMSTEDT, L., WRIGHT, D., JUNGERIUS, A., VEREIJKEN, A., RANDI, E., JENSEN, P. & L. ANDERSSON (2008): Identification of the yellow skin gene reveals a hybrid origin of the domestic chicken. PLoS Genetics 2008, Volume 4, Issue 2. h ttps://doi.org/10.1371/journal.pgen.1000010. Abgerufen am 10.12.2021.

FELLMIN, M. (2016): Untersuchungen zur Kurzbeinigkeit verschiedener Hühnerrassen. Geflügelzeitung 9/2016, S. 26–28. HK Hobby- und Kleintierzüchter Verlagsgesellschaft, Berlin.

FISCHER, K. (1980): Bart-Haubenhühner. Geflügel-Börse 6/1980, S. 2–6. Verlag Jürgens, Germering.

GINK VAN, C. S. Th. (1956): Bergische Kräher. Deutscher Kleintier 14/1956, S. 1–2. Verlag Oertel + Spörer, Reutlingen.

GLEICHAUF, R. (1972): Züchtungs- und Vererbungslehre für Geflügelzüchter, 4. Auflage. Verlag Fritz Pfenningstorff, Berlin u. Stuttgart.

GRANEVITZE, Z., HILLEL, J., FELDMAN, M., SIX, A., EDING, H. & S. WEIGEND (2009): Genetic structure of a wide-spectrum chicken gene pool. Animal Genetics. https://doi.org/10.1111/j.1365-2052.2009.01902.x. Abgerufen am 30.01.2018.

HÖCK, R. (2021): Happy Huhn. Vom Vergnügen, glückliche Hühner halten zu dürfen. 2. Auflage. Cadmos-Verlag, München.

KAISER, H. G. (2018): Das Bankivahuhn. Geflügelzeitung 2/2018. HK Hobby- und Kleintierzüchter Verlagsgesellschaft, Berlin.

KANGINAKUDRU, S., METTA, M., JAKATI, R. D. & J. NAGARAJU (2008): Genetic evidence from Indian red jungle fowl corroborates multiple domestication of modern day chicken. BMC Evolutionary Biology 2008, 8:174. http://www.biomedcentral.com/1471-2148/8/174. Abgerufen am 06.09.2014.

LAWAL, R. A., MARTIN, S. H., VANMECHELEN, K., VEREIJKEN, A., SILVA, P., AL-ATIYAT, R. M., ALJUMAAH, R. S., MWACHARO, J. M., WU, D.-D., ZHANG, Y.-P., HOCKING, P. M., SMITH, J., WRAGG, D. & O. HANOTTE (2020): The wild species genome ancestry of domestic chickens. BMC Biology (2020) 18:13. https://doi.org/10.1186/s12915-020-0738-1. Abgerufen am 01.08.2021.

MALOMANE, D. K., SIMIANER, H., WEIGEND, A., REIMER, C., SCHMITT, A. O. & S. WEIGEND (2019): The SYNBREED chicken diversity panel: a global resource to assess chicken diversity at high genomic resolution. BMC Genomics (2019) 20:345. https://doi.org/10.1186/s12864-019-5727-9. Abgerufen am 27.01.2020.

OEHLER, K. (1982): Zur Geschichte des Sultanhuhns. Geflügel-Börse 24/1982, S. 3–5. Verlag Jürgens, Germering.

RAETHEL, H. S. (1991): Hühnervögel der Welt, 4. Auflage. Natur Verlag, Augsburg.

SASAKI, K. & T. YAMAGUCHI (1970): Onaga-Dori (Long-Tailed Fowl) and their Inharited Studies in Japan. World s Poultry Science Journal 26.

SCHWARZ, W. (2002): Der große Geflügelstandard in Farbe. Band 2: Zwerghuhnrassen. 5. Auflage. Verlag Oertel + Spörer, Reutlingen.

SCHWARZ, W. & A. SIX (2004): Der große Geflügelstandard in Farbe. Band 1: Hühner – Truthühner – Perlhühner. 7. Auflage. Verlag Oertel + Spörer, Reutlingen.

SIX, A. (2005): Beobachtungen zum Türkischen Huhn. Geflügelbörse. Verlag Jürgens, Germering.

SIX, A. (2018): Hühnerzucht heute. Rasseportäts – Aufzucht – Haltung – Genetik – Vererbung. Verlag Oertel + Spörer, Reutlingen.

SIX, A. & S. WEIGEND (2003): Genetische Vielfalt – Molekularbiologische Untersuchungen der Verwandtschaftsbeziehungen ausgewählter Hühnerrassen, Teil 2. Geflügelzeitung 5/2003. HK Hobby- und Kleintierzüchter Verlagsgesellschaft, Berlin.

SIWEK, M., WRAGG, D., SŁAWI SKA, A., MALEK, M., HANOTTE, O. & J. M. MWACHARO (2013): Insights into the genetic history of Green-legged Partridgelike fowl: mtDNA and genome-wide SNP analysis. Animal Genetics, 44, 522–532. https://doi: 10.1111/age.12046. Abgerufen am 06.02.2018.

WANG, M.-S., THAKUR, M., PENG, M.-S., JIANG, Y., FRANTZ, L. A. F., LI, M., ZHANG, J.-J., WANG, S., PETERS, J., OTECKO, N. O., SUWANNAPOOM, C., GUO, X., ZHENG, Z.-Q., ESMAILIZADEH, A., HIRIMUTHUGODA, N. Y., ASHARI, H., SULADARI, S., ZEIN, M. S. A., KUSZA, S., OHRABI, S., KHARRATI-KOOPAEE, H., SHEN, Q.-K., ZENG, L., YANG, M.-M., WU, Y.-J., YANG, X.-Y., LU, X.-M., JIA, X.-Z., NIE, Q.-H., LAMONT, S. J., LASAGNA, E., CECCOBELLI, S., GUNWARDANA, H. G. T. N., SENASIGE, T. M., FENG, S.-H., SI, J.-F., ZHANG, H., JIN, J.-Q., LI, M.-L., LIU, Y.-H., CHEN, H.-M., MA, C., DAI, S.-S., BHUIYAN, A. K. F. H., KHAN, M. S., SILVA, G. L. L. P., LE, T.-T., MWAI, O. A., MOHAMED IBRAHIM, M. N., SUPPLE, M., SHAPIRO, B., HANOTTE, O., ZHANG, G., LARSON, G., HAN, J.-L., WU, D.-D. & Y.-P. ZHANG (2020): 863 genomes reveal the origin and domestication of chicken. Cell Research (2020) 30:693 – 701; https://doi.org/10.1038/s41422-020-0349-y. Abgerufen am 01.08.2021.

WANDELT, R & J. WOLTERS (1996): Handbuch der Hühnerrassen – Die Hühnerrassen der Welt. Verlag Wolters, Bottrop.

WANDELT, R & J. WOLTERS (1998): Handbuch der Zwerghuhnrassen – Die Zwerghuhnrassen der Welt. Verlag Wolters, Bottrop.

WRAGG, D., MWACHARO, J. M., ALCALDE, J. A., HOCKING, P. M. & O. HANOTTE (2012): Analysis of genome-wide structure, diversity and fine mapping of Mendelian traits in traditional and village chickens. Heredity (2012) 109, 6–18. https://doi.org/10.5061/dryad.996cr8f0. Abgerufen am 14.06.2020.

Wachtel-Shop.com®
For you. For your quails
Hühner-Shop.com®
Alles für Ihr Hühnerglück
Hier gibt es das Beste für Ihre Wachteln, Hühner & Co.
WWW.WACHTEL-SHOP.COM | INFO@WACHTEL-SHOP.COM
WACHTEL_SHOP
WWW. HUEHNER-SHOP.COM | INFO@HUEHNER-SHOP.COM
HUEHNER_SHOP
Hochwertige Futtermittel für Hühner, Wachteln, Enten und Gänse!
WACHTEL GOLD
CHICKEN GOLD
DUCK GOLD
WACHTEL-SHOP.COM®
Senefelderstraße 27 · 74182 Obersulm · Germany
info@wachtel-shop.com · Tel: 07134-9174410
GROSSE AUSWAHL AN STALLZUBEHÖR!
Wurm & WEG
HOCHWERTIGE FUTTERZUSÄTZE!
Mite Fight
Umgebungs-Spray
Parasiten-Spray
PFLANZLICHE MILBENABWEHR!
BRUTEIER UND BRUTGERÄTE!

erscheint im Frühjahr 2023

Hühnerrassen vor den Vorhang ...

- Altsteirer
- Andalusier
- Appenzeller Barthühner
- Appenzeller Spitzhauben
- Araucana
- Australorp
- Barnevelder
- Bergische Schlotterkämme
- Brabanter Bauernhühner
- Brakel
- Cemani
- Cubalaya
- Deutsche Lachshühner
- Ga H´Mong
- Holländische Haubenhühner
- Indische Kämpfer
- Jersey Giants
- Koeyoshi
- Krüper
- Mechelner
- Moderne Englische Kämpfer
- New Hampshire
- Pawlowskaja
- Phönix
- Schwedische Blumenhühner
- Sultanhuhn
- Sundheimer
- Thüringer Barthühner
- Tuzo
- Vorwerkhühner
- Welsumer
- u. v. m.

Armin Six, Robert Höck
Band 2: Happy Huhn Das Hühnerrassen-Buch*
144 Seiten, broschiertw
ISBN 978-3-8404-3072-5
€ 19,99

Happy-Huhn-Bücher im Überblick:

Robert Höck
Happy Huhn 2.0*
128 Seiten, broschiert
ISBN 978-3-8404-3057-2
€ 16,95

Robert Höck
Happy Hühnergarten*
128 Seiten, broschiert
ISBN 978-3-8404-3047-3
€ 16,95

Robert Höck
Happy Küken*
128 Seiten, broschiert
ISBN 978-3-8404-3052-7
€ 16,95

Verena Raffl
Happy Huhn Verenas beste Futterrezpte*
128 Seiten, broschiert
ISBN 9-783-8404-3068-8
€ 18,99

* *auch als eBook erhältlich!*

LANDLEBEN im CADMOS Verlag

www.cadmos.de

Cadmos Verlag GmbH | Englmannstraße 2 | D-81673 München | Tel.: +49 (0) 89 451 08 51-00 DW | E-Mail: vertrieb@cadmos.de